# Arbeitsintensität

**Managementpsychologie**
**Band 4**

Arbeitsintensität

Dr. Anika Schulz-Dadaczynski, Dr. Nicole Stab,
Dipl.-Psych. Andrea Lohmann-Haislah, Dr. Gisa Junghanns

Die Reihe wird herausgegeben von:

Prof. Dr. Rolf van Dick, Prof. Dr. Jörg Felfe,
Prof. Dr. Sandra Ohly, Prof. Dr. Jürgen Wegge

Anika Schulz-Dadaczynski
Nicole Stab
Andrea Lohmann-Haislah
Gisa Junghanns

# Arbeits-intensität

Umgang mit Zeitdruck,
Leistungsdruck und Informationsflut
in der betrieblichen Praxis

unter Mitarbeit von
Nina Assenheimer

**Dr. Anika Schulz-Dadaczynski,** geb. 1978. Studium Organisational Management an der Universität Flensburg. 2012 Promotion. Seit 2012 Wissenschaftliche Mitarbeiterin bei der Bundesanstalt für Arbeitsschutz und Arbeitsmedizin (BAuA), Fachbereich Arbeit und Gesundheit, Fachgruppe für Psychische Belastung und Mentale Gesundheit in Berlin.

**Dr. Nicole Stab,** geb. 1982. Studium Gesundheitsförderung und -management an der Fachhochschule Magdeburg-Stendal und Studium Gesundheitswissenschaften/Public Health an der medizinischen Fakultät der TU Dresden. 2008 Promotion. 2014–2017 Wissenschaftliche Mitarbeiterin bei der Bundesanstalt für Arbeitsschutz und Arbeitsmedizin (BAuA) an den Standorten Berlin und Dresden. Seit 2017 Mitarbeiterin der Berufsgenossenschaft für Gesundheitsdienst und Wohlfahrtspflege (BGW) in der Bezirksstelle Dresden. Seit 2021 Aufsichtsperson gemäß SGB VII.

**Dipl.-Psych. Andrea Lohmann-Haislah,** geb. 1965. Studium der Psychologie an der Freien Universität Berlin. Seit 2007 Referentin und wissenschaftliche Mitarbeiterin bei der Bundesanstalt für Arbeitsschutz und Arbeitsmedizin (BAuA) in Berlin (Gruppe 3.2 Psychische Belastung und Mentale Gesundheit).

**Dr. Gisa Junghanns,** geb. 1962. Studium der Arbeits- und Ingenieurpsychologie an der TU Dresden. 1992 Promotion. 2009–2019 stellv. Leitung der Fachgruppe „Psychische Belastungen“ und 2019–2021 kommissarische Leitung der Fachgruppe „Psychische Belastung und Mentale Gesundheit“ an der Bundesanstalt für Arbeitsschutz und Arbeitsmedizin (BAuA) in Berlin.

**Bibliografische Information der Deutschen Nationalbibliothek**
Die Deutsche Nationalbibliothek verzeichnet diese Publikation in der Deutschen Nationalbibliografie; detaillierte bibliografische Daten sind im Internet über http://dnb.dnb.de abrufbar.



Hogrefe Verlag GmbH & Co. KG
Merkelstraße 3
37085 Göttingen
Deutschland
Tel. +49 551 999 50 0
Fax +49 551 999 50 111
info@hogrefe.de
www.hogrefe.de

Umschlagabbildung: © stock.adobe.com / Pixel-Shot
Satz: Sabine Rosenfeldt, Hogrefe Verlag GmbH & Co. KG, Göttingen
Druck: mediaprint solutions GmbH, Paderborn
Printed in Germany
Auf säurefreiem Papier gedruckt

1. Auflage 2022

(E-Book-ISBN [PDF] 978-3-8409-2977-9; E-Book-ISBN [EPUB] 978-3-8444-2977-0)
ISBN 978-3-8017-2977-6
https://doi.org/10.1026/02977-000

# Inhaltsverzeichnis

# 1 Einleitung

*Anika Schulz-Dadaczynski*

Das Thema Arbeitsintensität ist in „vieler Munde". So widmeten sich im Jahr 2019 gleich zwei größere gewerkschaftliche Publikationen der Thematik: Der Jahresbericht zum DGB-Index Gute Arbeit wählte Arbeitsintensität als Schwerpunktthema und stellte fest, dass es sich hierbei um ein Thema handelt, das „von den Beschäftigten seit Jahren besonders kritisch bewertet wird" (Institut DGB-Index Gute Arbeit, 2019, S. 5). Es bestehe großer Handlungsbedarf. Auch eine auf dem DGB-Index basierende ver.di-Publikation greift das Thema auf, beleuchtet Arbeitsintensität unter verschiedenen Aspekten und Perspektiven und unterstreicht ihre hohe Relevanz für unterschiedliche Branchen (ver.di, 2019).

**Arbeitsintensität ist aufgrund ihrer hohen Verbreitung und Relevanz ein viel beachtetes Thema**

Die Bundesanstalt für Arbeitsschutz und Arbeitsmedizin (BAuA) stellt in ihrem Stressreport 2019 fest, dass von den im Report betrachteten Stressoren „Merkmale, die mit hoher Arbeitsintensität in Verbindung stehen, auch im Jahr 2018 am stärksten verbreitet sind" (Lohmann-Haislah, 2020, S. 32). So berichten bspw. 48 Prozent der befragten Beschäftigten von hohem Termin- oder Leistungsdruck. Ein eigenes Kapitel vertieft die Thematik (Schulz-Dadaczynski, 2020, S. 40 ff.), wie bereits im Vorgänger-Report 2012 (Junghanns, 2012, S. 107 ff.). Auch im aktuellen Bericht „Sicherheit und Gesundheit bei der Arbeit" (SUGA) wird das Thema vertiefend behandelt (BAuA, 2020, S. 74 ff.). Die Zahlen aus dem Stressreport verdeutlichen, dass die Arbeitsintensität anhaltend hoch ist. Sie wird als Schlüsselfaktor bei der Arbeit erachtet, auch im Rahmen der Arbeitsgestaltung (Rothe et al., 2017; Stab, Jahn & Schulz-Dadaczynski, 2016).

Angesichts des Wandels in der Arbeitswelt, der durch unterschiedliche Trends gekennzeichnet ist, wie vor allem auch durch eine zunehmende Digitalisierung und Globalisierung (Bundesministerium für Arbeit und Soziales, 2017), ist nicht von einer Abnahme der Verbreitung und Relevanz von Arbeitsintensität auszugehen. So ist die Digitalisierung bspw. mit beschleunigten Kommunikations- und Produktionsprozessen, der Verkürzung von Produktlebens- und Innovationszyklen und einer erhöhten Verfügbarkeit von Informationen verknüpft. Hierdurch wird die Arbeitswelt schnelllebiger und zunehmend komplex, die Arbeitsintensität für die Beschäftigten erhöht sich (Schulz-Dadaczynski, Junghanns & Lohmann-Haislah, 2019). Viele Beschäftigte werden vor diesem Hintergrund mit veränderten und intensivierten Anforderungen konfrontiert, die sich auch auf die Notwendigkeit des kontinuierlichen Lernens, Planens und Entscheidens beziehen und damit neue Dimensionen von Arbeitsintensität beinhalten (Kubicek, Paskvan & Korunka, 2015).

**Inhalte und Zielgruppen dieses Buches**

Arbeitsintensität kommt somit eine hohe Aufmerksamkeit zu, sowohl in der Wissenschaft als auch in der betrieblichen Praxis. Was verbirgt sich jedoch genau hinter dem Thema Arbeitsintensität? Wer ist besonders von Arbeitsintensität betroffen? Wodurch entsteht eine (zu) hohe Arbeitsintensität? Welche Folgen kann eine (zu) hohe Arbeitsintensität haben? Welche Möglichkeiten zur Gestaltung und für einen guten Umgang gibt es?

Mit diesen und weiteren Fragen beschäftigt sich dieses Buch. Es richtet sich vor allem an Praktiker und Fachleute, die sich in der betrieblichen Realität mit Arbeitsintensität auseinandersetzen, wie zum Beispiel Führungskräfte, Beschäftigte der Personalabteilung oder Fachkräfte des Arbeitsschutzes. Wissenschaftler, die sich für eine praxisorientierte Auseinandersetzung mit dem Thema interessieren, werden mit diesem Buch ebenso angesprochen. Es soll sowohl zum Verständnis von Arbeitsintensität als wichtigem Faktor bei der Arbeit beitragen als auch Impulse für die Gestaltung von Arbeitsintensität geben.

## Zum Aufbau des Buches

Das folgende *Kapitel 2* legt zunächst die Grundlage dafür, Arbeitsintensität besser zu verstehen. Was genau ist eigentlich Arbeitsintensität? Welche Aspekte bzw. Merkmale beinhaltet dieses Phänomen? Welche Annahmen vor dem Hintergrund von Theorien und Modellen gibt es zu Arbeitsintensität? Zur Beleuchtung dieser Fragen werden unterschiedliche Begriffsverständnisse und Erscheinungsformen von Arbeitsintensität vorgestellt sowie Theorien und Modelle, die für die Betrachtung von Arbeitsintensität relevant sind.

*Kapitel 3* beschäftigt sich mit den Fragen, wer insbesondere von hoher Arbeitsintensität betroffen ist, und mit welchen Arbeitsmerkmalen dieses Phänomen oftmals einhergeht. Um diesen Fragen nachzugehen, werden Daten einer großen repräsentativen Erwerbstätigenbefragung genutzt.

Das *Kapitel 4* wendet sich anschließend den möglichen Folgen einer hohen Arbeitsintensität zu. Welche Auswirkungen kann eine (zu) hohe Arbeitsintensität haben? Welche Folgen werden aus der Sicht von Beschäftigten beschrieben? Es werden sowohl verschiedene quantitative Datenquellen als auch qualitative Interviewdaten zur Beantwortung dieser Fragen genutzt.

*Kapitel 5* unternimmt einen Exkurs zu einer Facette von Arbeitsintensität, die insbesondere vor dem Hintergrund der Digitalisierung in der Arbeitswelt eine hohe Bedeutung hat: die Informationsüberflutung am Arbeitsplatz. Das Kapitel beschäftigt sich mit diesem relevanten Phänomen, seinen Ursachen und Folgen und beschreibt Gestaltungsmöglichkeiten, die auf die Vermeidung bzw. den Abbau von Informationsüberflutung abzielen.

Das *Kapitel 6* behandelt schließlich ausführlich die Gestaltung von Arbeitsintensität. Dabei werden zum einen Möglichkeiten der direkten Gestaltung, d.h. des Abbaus einer hohen Arbeitsintensität, aufgezeigt, die aus empirischen Studien abgeleitet oder in Interventionsstudien erprobt wurden. Zum anderen werden Möglichkeiten eines guten Umgangs mit hoher Arbeitsintensität vorgestellt sowie hierfür förderliche Faktoren.

Der *Anhang* des Buches beinhaltet abschließend weiterführende Hinweise auf Materialien, die bei der Thematisierung von Arbeitsintensität in der betrieblichen Praxis und ihrer Gestaltung unterstützen können. Diese Materialien beinhalten Literaturempfehlungen im Hinblick auf exemplarisch ausgewählte Fragebogeninstrumente zur Ermittlung von Arbeitsintensität, Handlungshilfen für die Praxis sowie konkrete Praxisbeispiele.

# 2 Arbeitsintensität verstehen

*Nicole Stab*

Arbeitsintensität – Was ist das eigentlich? In der betrieblichen Praxis findet dieser Begriff kaum Verwendung: Hier werden vielmehr Begriffe wie Zeitdruck, Leistungsdruck oder Stress im Allgemeinen benutzt, um einer starken Inanspruchnahme durch die Arbeit und/oder Überforderung Ausdruck zu verleihen.

**Begriff „Arbeitsintensität" in der betrieblichen Praxis kaum verwendet**

Der Begriff Arbeitsintensität wurde jedoch ganz bewusst für dieses Buch gewählt, da er zunächst ohne Wertung einen für alle Beschäftigten an einem Arbeitsplatz ähnlichen Zustand beschreibt, der letztendlich auch gestaltet werden kann. Nach der entsprechenden DIN-Norm sprechen wir hier von einer *Belastung*. Trotzdem sollte eine Belastung nicht ohne eine Bewertung (durch die Beschäftigten) betrachtet werden, die sich in der sogenannten *Beanspruchung* niederschlägt (vgl. dazu auch DIN EN ISO 10075-1, 2018; siehe Kasten).

**Arbeitsintensität als neutraler Begriff: für alle gleich von außen einwirkend**

**Erläuterungen zur Norm DIN EN ISO 10075-1**

Der erste Teil der Norm DIN EN ISO 10075-1 „Ergonomische Grundlagen bezüglich psychischer Arbeitsbelastung – Allgemeine Aspekte und Konzepte und Begriffe" differenziert die Begriffe psychische Belastung und Beanspruchung und kann als Verständnisgrundlage für die verschiedenen Bezeichnungen rund um den Begriff Arbeitsintensität verwendet werden:

- *Psychische Belastung* ist die Gesamtheit aller erfassbaren Einflüsse, die von außen auf den Menschen zukommen und psychisch auf ihn einwirken.
- *Psychische Beanspruchung* ist die unmittelbare (nicht langfristige) Auswirkung der psychischen Belastung im Individuum in Abhängigkeit von seinen jeweiligen überdauernden und augenblicklichen Voraussetzungen, einschließlich der individuellen Bewältigungsstrategien.

Hierbei stellt die Arbeitsintensität die Belastung dar, die aufgrund unterschiedlicher Leistungsvoraussetzungen, Ressourcen und Umgangsweisen der Beschäftigten unterschiedlich erlebt wird und sich auch unterschiedlich auswirkt.

In diesem Kapitel werden zunächst das Begriffsverständnis und die Begriffsverwendung von Arbeitsintensität in der Wissenschaft näher betrachtet (Abschnitt 2.1). Der nachfolgende Abschnitt 2.2 beschäftigt sich mit dem Erleben von Arbeitsintensität durch Beschäftigte bzw. der Wahrnehmung von Arbeitsintensität in der betrieblichen Realität. Im Abschnitt 2.3 werden anschließend Theorien und Modelle zur Arbeitsintensität vorgestellt.

## 2.1 Aktuelles Begriffsverständnis in der Wissenschaft

*Nicole Stab*

**Gestaltbare Merkmale von Arbeitsintensität betrachten**

Arbeitsintensität ist als Begriff abstrakt und wenig greifbar. Zudem ist Arbeitsintensität als Ganzes auch nicht gestaltbar. Vielmehr ist es notwendig, Facetten oder Merkmale von Arbeitsintensität zu betrachten, die letztendlich gestaltet werden können.

In der arbeits- und sozialwissenschaftlichen Forschung gibt es bisher keine einheitliche Definition und Betrachtung von Arbeitsintensität. Die Forderung und der Nutzen einer belastungsbezogenen Erfassung werden hingegen durchaus herausgestellt (z.B. Roe & Zijlstra, 2000; Stab, Jahn & Schulz-Dadaczynski, 2016), sodass in der jüngeren Forschung vereinzelt versucht wurde, Arbeitsintensität als Belastungsfaktor zu beschreiben und Merkmale zu finden, um Arbeitsintensität erfassbar zu machen (z.B. Rau & Göllner, 2018; Stab, Jahn & Schulz-Dadaczynski, 2016).

**Kerndimensionen von Arbeitsintensität: Arbeitszeit, -quantität und -qualität**

Dabei wurden stets die von Trägner (2006) postulierten Dimensionen Arbeitszeit, -quantität und -qualität als Kerndimensionen von Arbeitsintensität bzw. deren Verhältnis zueinander betrachtet. Während die Dimensionen Arbeitszeit und Arbeitsquantität ziemlich klar definierbar sind, nämlich

- *Arbeitszeit* als die zur Verfügung stehende Zeit zur Verrichtung der Arbeitsaufgabe,
- *Arbeitsquantität* als die Menge der zu verrichtenden Aufgabe in der geforderten Beschaffenheit,

ist die Dimension Arbeitsqualität schwerer fassbar. Um die Kerndimension *Arbeitsqualität* näher zu beleuchten, bedarf es eines kurzen Blicks in die geschichtliche Entwicklung von Arbeit. Arbeit war noch vor ein paar Jahrzehnten maßgeblich geprägt von einfachen Industrietätigkeiten in Fertigung und Produktion. Dabei handelte es sich in der Regel um einzelne Arbeitsschritte oder die Aneinanderreihung einiger weniger Arbeitsschritte, die sich oft wiederholten. Diese Arbeitsschritte konnten in hoher Frequenz durchgeführt werden, da sie einer niedrigen geistigen Anstrengung bedurften, d.h. sie waren automatisiert oder regelbasiert ausführbar und benötigten keine geistig-schöpferischen Denkprozesse.

In den letzten dreißig Jahren wurden Industriearbeitsplätze zunehmend von Dienstleistungs- oder Wissensarbeit verdrängt. Diese Tätigkeiten werden immer komplexer und erfordern hohe geistig-schöpferische Anteile. Sie bestehen nicht mehr aus einzelnen gleichartigen Arbeitsschritten, sondern aus vielfältigen, ganz unterschiedlichen Teilaufgaben, gekennzeichnet durch Elemente der Planung, Organisation und Bewertung. Während bei einfacher Industriearbeit die Kerndimensionen Menge und Zeit ausreichen, um Arbeitsintensität zu charakterisieren, kommt mit komplexer werdenden Tätigkeiten eine neue Dimension hinzu, welche die Qualität, oder vielmehr die

*Beschaffenheit der Arbeitsaufgabe* beschreibt: Hat ein Beschäftigter nur eine einfache oder eine sehr komplexe, zum Teil auch neuartig-schöpferische Arbeitsaufgabe zu verrichten? Hier geht es nicht um die Qualität des Produktes, sondern um die Qualität der Arbeitsaufgabe im Sinne der geistigen Anforderung, die an den Beschäftigten gestellt wird. Rau und Göllner (2018) beschreiben dies auch als das für die Aufgabenerfüllung erforderliche kognitive Regulationsniveau (automatisiert ausführbare vs. regelbasierte vs. wissensbasierte kognitive Anforderungen der Arbeitsaufgabe). Bei Dienstleistungstätigkeiten sind diese geistigen Anforderungen vor allem durch die Intensität der Betreuung von Klient:innen und Patient:innen oder auch die Intensität von Kundenberatungen geprägt.

Es gibt also drei Kerndimensionen, die Arbeitsintensität beschreibbar machen. Folglich gibt es auch drei Stellschrauben, die verändert werden können, um Arbeitsintensität zu beeinflussen (siehe Kasten auf S. 14).

**Das Erleben von Arbeitsintensität ist häufig negativ konnotiert als Zeit- und Leistungsdruck**

Beschäftigte sprechen in der betrieblichen Praxis in der Regel nicht von Arbeitsintensität, sondern von zu hohem Termindruck bzw. Zeitdruck oder Leistungsdruck. Diese Begrifflichkeiten sind negativ konnotiert und deuten darauf hin, dass Beschäftigte, die dies bei ihrer Arbeit erleben, sich „unter Druck" gesetzt fühlen. Das impliziert bereits eine Bewertung und „beinhaltet immer ein Element der subjektiven Wahrnehmung von Stress" (Rau & Göllner, 2018, S. 152).

Die Erfassung des Erlebens von Zeit- und Leistungsdruck durch Beschäftigte kann die Betrachtung von Arbeitsintensität in Unternehmen sinnvoll ergänzen und wichtige Erkenntnisse für den betrieblichen Umgang mit diesem Belastungsfaktor liefern. Deshalb ist der Blick auf die individuelle Wahrnehmung von Zeit- und Leistungsdruck überaus nützlich. Doch handelt es sich bei Zeitdruck und Leistungsdruck um das Gleiche? Und ist das Erleben von Zeitdruck auch gleichzeitig an das Erleben von Leistungsdruck geknüpft?

Leinhos et al. (2018) beschreiben Zeit- und Leistungsdruck als voneinander unabhängige Konstrukte. Während *Zeitdruck* die Fertigstellung von Arbeitsaufgaben innerhalb eines begrenzten Zeitraums beinhaltet und als quantitative Anforderung betrachtet werden kann, ist Leistungsdruck eine qualitative Anforderung. Eisenberger und Aselage (2009) stellen *Leistungsdruck* als die Anforderung dar, eine hohe Leistung zu zeigen, ohne Fehler zu machen. Beide Konstrukte können den Kerndimensionen von Arbeitsintensität zugeordnet werden. Zeitdruck wird erlebt, wenn die Dimensionen Zeit und Menge in einem Missverhältnis zueinanderstehen. Leistungsdruck entsteht, wenn die Dimension Qualität/Beschaffenheit der Arbeit zu komplex gestaltet ist, wobei dies noch verschärft werden dürfte, wenn die Tätigkeit im Rahmen von engen Zeitvorgaben ausgeübt wird.

Im nächsten Abschnitt 2.2 wird Zeit- und Leistungsdruck als Erleben von Arbeitsintensität umfassender betrachtet.

## Beeinflussung von Arbeitsintensität über drei Stellschrauben

### Beeinflussung der Stellschraube „Zeit"

*Beispiel 1: Der Fluglotse.* Beim Fluglotsen ist die Arbeit so gestaltet, dass überwiegend komplexe Arbeitsschritte vorliegen, die mit sehr viel Konzentration und Präzision verrichtet werden müssen. Fehler können fatale Folgen haben. Das heißt, da hohe wissensbasierte kognitive Anforderungen zur Tätigkeit gehören, kann nur an den Schrauben „Menge" und „Zeit" gedreht werden, um die Arbeitsintensität zu verändern. Die Menge ist hier aber auch nicht oder nur in geringem Maße zu beeinflussen, da der Flugplan eines Flughafens in der Regel feststeht. Daher arbeitet der Fluglotse in der Regel maximal 2 bis 3 Stunden am Stück und hat dann längere Pausen einzuhalten.

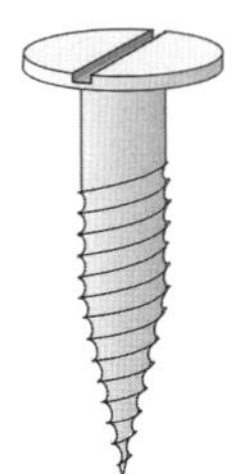

### Beeinflussung der Stellschraube „Menge"

*Beispiel 2: Pflegende im Krankenhaus.* Im Krankenhaus gibt es verschiedene Einsatzbereiche für Pflegende, bspw. die Intensivstation oder eine Normalpflegestation. Der Unterschied von Intensivstation und Normalpflegestation ist, dass auf Intensivstationen die Arbeit kognitiv höhere Anforderungen an die Pflegenden stellt. Es kommen bspw. intensive Überwachungstätigkeiten hinzu, außerdem muss mit mehr Technik gearbeitet werden. Das spiegelt sich auch in der Konstellation der Komponenten von Arbeitsintensität wider. Die Arbeitszeit ist für beide Einsatzbereiche, Intensivstation und Normalpflegestation, gleich geregelt, da der Krankenhausbetrieb aufrechterhalten werden muss. Intensivpflegende haben aber in der Menge weniger Patient:innen zu betreuen, in der Regel zwei oder drei, während Pflegende auf Normalpflegestationen für 10 bis 12 Patient:innen verantwortlich sind.

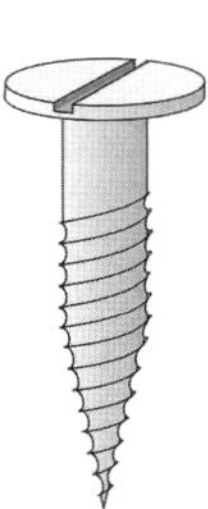

### Beeinflussung der Stellschraube „Qualität" bzw. Beschaffenheit der Arbeitsaufgabe

*Beispiel 3: Pflegende im Krankenhaus.* Wie zuvor dargestellt, haben Pflegende einer Normalpflegestation 10 bis 12 Patient:innen in einer Schicht zu versorgen. Wenn er oder sie Zeitdruck erlebt, dann können Prioritäten gesetzt werden, d.h. Arbeitsschritte können vereinfacht werden. Beispielsweise lässt sich die Körperwäsche in stressigen Diensten (siehe hierzu auch das Beispiel in Abschnitt 9.4) auf eine Gesichtswäsche reduzieren oder andere Tätigkeiten, wie z.B. das Auffüllen von Verbrauchsmaterialien der Station, können ganz weggelassen und so die Teilschritte der Arbeit vereinfacht bzw. reduziert werden (siehe dazu das Beispiel „Priorisierungen in stressigen Diensten" auf S. 134).

Weitere Gestaltungsmöglichkeiten werden im Kapitel 6 vertieft dargestellt.

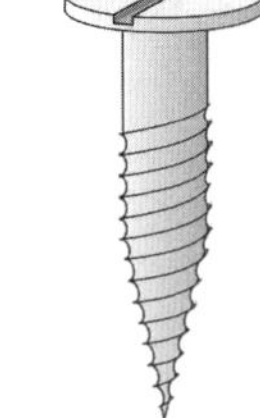

## 2.2 Erleben von Arbeitsintensität durch Beschäftigte: Zeit- und Leistungsdruck

*Anika Schulz-Dadaczynski*

Im vorherigen Abschnitt wurde beschrieben, was in der Wissenschaft unter Arbeitsintensität verstanden wird bzw. welche Aspekte in der Forschung und in betrieblichen Untersuchungen unter der Begrifflichkeit der Arbeitsintensität betrachtet werden. Es wurde bereits darauf verwiesen, dass bei dieser Betrachtung die Erfassung des Erlebens bzw. der Wahrnehmung von Arbeitsintensität durch die Beschäftigten eine wichtige Ergänzung ist. Wenn Beschäftigte ihre Wahrnehmung bzw. ihr Erleben eines Ungleichgewichts zwischen der Arbeitsmenge, Arbeitsqualität und Arbeitszeit beschreiben, sprechen sie in der Regel von Zeitdruck und/oder Leistungsdruck.

**Interviews mit Beschäftigten: Beschreibungen von Zeit- und Leistungsdruck in der betrieblichen Realität**

Abseits von DIN-Normen und festgelegten Fragen zur Messung von Arbeitsintensität in quantitativen Untersuchungen wird dieser Abschnitt beleuchten, was Beschäftigte in der betrieblichen Realität als Zeit- und Leistungsdruck beschreiben. Welche Aspekte ihrer Tätigkeit erleben sie als Zeitdruck und/oder Leistungsdruck? Was ist Zeit- und Leistungsdruck für Beschäftigte? Gehören Zeitdruck und Leistungsdruck für Beschäftigte zusammen oder handelt es sich um zwei ganz unterschiedliche Wahrnehmungen?

Auf der Basis von Interviewstudien mit Beschäftigten in Unternehmen werden diese Fragen in diesem Abschnitt aufgegriffen.

**Datenbasis**

Die Basis der nachfolgenden Ausführungen sind drei unterschiedliche Forschungsprojekte der Bundesanstalt für Arbeitsschutz und Arbeitsmedizin (BAuA), die sich anwendungsorientiert und in Kooperation mit Betrieben mit Zeit- und Leistungsdruck beschäftigt haben. Im ersten Projekt wurden in einem Verbund aus soziologischen und arbeitspsychologischen Forschern „Arbeitsorganisatorische Entstehungszusammenhänge, Bewältigungsstrategien und Gestaltungsmöglichkeiten" (Laufzeit 2012 bis 2016) untersucht (Dunkel & Kratzer, 2016; Handrich, Koch-Falkenberg & Voß, 2016; Schulz-Dadaczynski & Junghanns, 2014). Das zweite Projekt hatte den betrieblichen Umgang mit psychischer Belastung (unter anderem Zeit- und Leistungsdruck) im Rahmen der Gefährdungsbeurteilung zum Gegenstand (Laufzeit 2015 bis 2019; Beck, Schuller & Schulz-Dadaczynski, 2017; Beck & Schuller, 2020). Das dritte Projekt „Günstige und gesunde Strategien im Umgang mit Zeit- und Leistungsdruck" (Laufzeit 2016 bis 2019) untersuchte, wie Beschäftigte generell in ihrem Arbeitsalltag mit Zeit- und Leistungsdruck umgehen (Schulz-Dadaczynski & Janetzke, 2020). Über alle drei Projekte hinweg wurden mehr als 100 Interviews mit Beschäftigten geführt (siehe zu den jeweiligen Stichprobenzusammensetzungen und der Methodik die angegebenen Einzelveröffentlichungen). Aus dem Interviewmaterial können übergreifende Schlussfolgerungen zur Phänomenologie von Zeit- und Leistungsdruck im betrieblichen Alltag gezogen werden.

### 2.2.1 Beschreibungen von Beschäftigten: Was ist Zeit- und/oder Leistungsdruck?

Befragt man Beschäftigte offen, d.h. ohne jegliche Vorgaben, nach ihrem Verständnis von Zeit- und/oder Leistungsdruck, finden sich die im vorigen Abschnitt vorgestellten Dimensionen nach Trägner (2006) der (1) Arbeitsmenge, (2) Arbeitszeit und (3) Arbeitsqualität in ihren Beschreibungen eindeutig wieder. Die Beschäftigten beschreiben *Zeitdruck* als die Wahrnehmung eines Spannungs- oder Missverhältnisses zwischen der zu leistenden Arbeitsmenge in der vorhandenen bzw. dafür vorgesehenen Arbeitszeit unter Berücksichtigung der erforderlichen Arbeitsqualität. *Leistungsdruck* hingegen wird eher als die Wahrnehmung eines Spannungs- oder Missverhältnisses zwischen „guter Arbeit" in der zur Verfügung stehenden Arbeitszeit unter Berücksichtigung der Arbeitsmenge beschrieben, d.h. die Beschäftigten fokussieren hier auf die Qualität ihrer Tätigkeitsausübung (z.B. Qualität der Betreuung von Kund:innen, Klient:innen und/oder Patient:innen) und ihres Arbeitsergebnisses.

**In der Wahrnehmung der Beschäftigten ist Zeit- und Leistungsdruck ein Phänomen mit zwei Seiten: Menge/Zeit und Qualität/Zeit**

Die Auswertung des empirischen Interviewmaterials spiegelt damit wider, dass Zeit- und Leistungsdruck im Grundsatz ein Phänomen mit zwei zusammengehörenden Seiten ist: eine Seite, bei der es eher um das Verhältnis der Arbeitsmenge (Quantität) zur Arbeitszeit geht, und eine Seite, bei der die Arbeitsqualität im Verhältnis zur Arbeitszeit im Fokus steht, jedoch stehen auch die Arbeitsmenge und Qualität in einem Zusammenhang. Somit sind Zeit- und Leistungsdruck nicht losgelöst voneinander zu sehen, haben jedoch jeweils ihren eigenen Schwerpunkt in der Wahrnehmung der Beschäftigten.

Unterschiedlich ist auch, ob bzw. wie negativ Beschäftigte den Zeit- und Leistungsdruck bewerten, d.h. ob sie lediglich ein gewisses Spannungsverhältnis wahrnehmen oder ein als negativ bewertetes Missverhältnis im Sinne einer Fehlbeanspruchung. Beschäftigte beschreiben die Spannungs- bzw. Missverhältnisse bei Zeit- und Leistungsdruck nicht abstrakt, sondern führen ganz konkrete Aspekte bezogen auf ihre jeweiligen Tätigkeiten an, die den Zeit- und/oder Leistungsdruck für sie ausmachen. Im Folgenden werden diese Aspekte von Zeit- und Leistungsdruck näher vorgestellt.

#### 2.2.1.1 Aspekte von Zeitdruck

**Bei Zeitdruck besteht ein „zu viel" an Arbeit, das sich auf konkrete Aspekte der Tätigkeit bezieht**

Tätigkeitsübergreifend bedeutet Zeitdruck für Beschäftigte *(zu) viel Arbeit in (zu) begrenzter Arbeitszeit* leisten zu müssen, erst einmal unabhängig davon, welche Arbeit ganz konkret geleistet werden muss. Beschreiben sie dann jedoch, worin dieses „(zu) viel" besteht, werden Beschäftigte konkret, wie z.B. der folgende Beschäftigte, der einen typischen Arbeitstag mit hohem Zeitdruck schildert:

> „Das [Zeitdruck] ist in erster Linie viele Menschen, die irgendwelche Sachen von mir wollen. Also, ich erinnere mich zurück an ein Projekt, da hatte ich innerhalb eines Arbeitstages, innerhalb von acht Stunden, über 90 Telefonanrufe. Also, es waren jetzt noch nicht mitgezählt die Anrufe, die ich gemacht habe. Sondern wirklich nur 90 eingehende Anrufe. Das ist dann Stress und das ist dann auch manchmal zu viel. Weil man einfach zu der Arbeit, die man eigentlich machen möchte,

dann auch kaum noch kommt. Also, man redet mit irgendwelchen Menschen über irgendwelche Detaillösungen. Und es klingelt permanent das Telefon. Wo dann aber auch wieder Leute dran sind, die irgendwas wollen. Die rufen mich ja nicht an, weil sie nett mit mir plauschen wollen. Ne, die haben alle Anliegen. Und das ist dann zu viel."

**Unvorhergesehene Zusatzarbeit, Unterbrechungen und paralleles Arbeiten bzw. „Multitasking" verstärken die Wahrnehmung von Zeitdruck**

Die Menge an (zu viel) Arbeit besteht hier aus den Anliegen unterschiedlicher Personen, auf die der Befragte reagieren muss – neben seiner eigentlichen, regulären Arbeit. Auch viele andere Beschäftigte schildern, dass aus viel Arbeit oft erst dann zu viel Arbeit und wahrgenommener Zeitdruck wird, wenn es neben den regulären, geplanten Tätigkeiten und Arbeitsaufträgen zu *unvorhergesehener Zusatzarbeit* kommt, *viele Unterbrechungen* bei der Arbeit erfolgen oder *viele Arbeitsaufträge parallel* zu bewältigen sind, sodass in der Wahrnehmung der Beschäftigten „Multitasking" oder fragmentiertes Arbeiten erforderlich wird (Zimber & Rigotti, 2015), d.h. die gleichzeitige oder abwechselnde Bearbeitung verschiedener Arbeitsaufträge:

„Wenn viele Themen auf einmal präsent sind, mache ich mir auch Druck, Zeitdruck. Obwohl es vielleicht nicht notwendig ist, weil die Dinge mitunter nicht so einen Zeitdruck haben per se, weil es da keine Deadline gibt. Aber es gibt viele Themen auf meinem Tisch. Und dann empfinde ich schon so einen Druck."

**Termine und Fristen verschärfen die Wahrnehmung von „zu wenig Zeit"**

Im obigen Zitat deutet sich bereits an, dass sich die (zu) begrenzte Arbeitszeit nicht nur in Relation zur vorgesehenen, regulären Arbeitszeit ergibt, sondern darüber hinaus *Termine und Fristen* (Deadlines) relevant sind, die bei der Bearbeitung und Fertigstellung von Arbeitsaufträgen zu berücksichtigen sind, und die das Erleben der Beschäftigten von „zu wenig Zeit" deutlich prägen. Der folgende Befragte greift dieses Zusammenspiel aus Menge und Zeit sowie das Kippen in ein zu viel an Menge bzw. zu wenig an Zeit in seiner Beschreibung auf:

„Die Notwendigkeit, in begrenzter Zeit viel zu schaffen, das würde ich sagen, dass es von meiner Wahrnehmung eine der Grundvoraussetzungen ist. Die große Frage ist, ob man diesen Druck als stressig empfindet oder eher als motivierend. Und für mich ist es so, dass ich das als positiv wahrnehme, dass es eine Anforderung nach Effizienz gibt. Das ist ja auch irgendwie, es ist nicht alles beliebig, nein, sondern ich gehe bewusst mit meinen Zeitressourcen um, also bemühe mich, zu fokussieren auf das, was notwendig ist. Und dann der Punkt, wo ich dann sage, ich muss von dem Stress runter, ist dann wirklich, wenn sich dann die Deadlines überschneiden und alles auf einen zusammenkommt und ich dann wirklich denke, ojemine, jetzt habe ich wirklich drei Deadlines und anderthalb davon muss ich reißen oder wenn ich nicht reißen will, muss ich einen Abend arbeiten."

**Extensivierung und Intensivierung verstärken die Wahrnehmung von Zeitdruck**

In der Schilderung des Beschäftigten wird außerdem ein weiterer Aspekt der Wahrnehmung von Zeitdruck deutlich: die Wahrnehmung der Notwendigkeit, einen Abend arbeiten zu müssen, um seine Arbeit fristgemäß zu schaffen. Seine Wahrnehmung umfasst damit die gefühlte Konsequenz des Zeitdrucks, die in einer notwendigen *Extensivierung* seiner Arbeit über die vertraglich vereinbarte Arbeitszeit hinaus besteht. Auch diesbezüglich stimmen die Schilderungen vieler Befragter überein, die von einer quasi durch Zeitdruck erzwungenen Extensivierung der Arbeit berichten (z.B. Überstunden, Arbeit in der Freizeit) oder auch einer *Intensivierung*, d.h. beispielsweise der Wahrnehmung, sehr schnell und dicht arbeiten zu müssen (vgl. zu dieser Thematik auch Abschnitt 6.2).

Zusammengefasst bedeutet also Zeitdruck für Beschäftigte, eine (zu) hohe Menge an Arbeit in (zu) begrenzter Zeit leisten zu müssen. Die begrenzte Arbeitszeit wird in der Wahrnehmung der Beschäftigten nicht nur über die regulär vorgesehene Arbeitszeit definiert, sondern auch über die für die Arbeitsaufträge zu berücksichtigenden Termine und Fristen. Die Wahrnehmung von Zeitknappheit verschärft sich dann, wenn sich die Menge an Arbeit über unvorhergesehene Zusatzarbeit erhöht, viele Unterbrechungen bei der Arbeit auftreten oder viele Dinge parallel in der begrenzten Zeit anfallen. Sie verschärft sich ebenfalls über die notwendige Extensivierung oder Intensivierung der Arbeit, anhand derer Beschäftigte den Zeitdruck unmittelbar spüren.

### 2.2.1.2 Aspekte von Leistungsdruck

**Leistungsdruck wird wahrgenommen, wenn das Leisten „guter Arbeit" erschwert ist**

Leistungsdruck beschreiben Beschäftigte tätigkeitsübergreifend als die Wahrnehmung eines Spannungsverhältnisses zwischen *„guter Arbeit"* und der *begrenzten Arbeitszeit* unter Berücksichtigung der *zu leistenden Arbeitsmenge*.

Der folgende Beschäftigte beschreibt diese Wahrnehmung für seine Tätigkeit als Therapeut wie folgt:

> „Also, was mir Leistungsdruck macht, ist, wenn ich das Gefühl habe, dass ein Patient mehr Zuwendung einfordert, haben möchte. Das muss ja gar nicht mal therapeutisch sinnvoll sein. Also, manche Menschen sind so vereinnahmend, so saugend, ziehend sozusagen, dass es sogar therapeutisch sinnvoll sein kann, das eher kürzer zu halten und zu begrenzen. Das ist dann nochmal ein bisschen anders gelagert, aber der Endeffekt ist eigentlich derselbe, nämlich dass *ich* dem Patienten seine Zeit beschneiden muss. Ob ich das nun für sinnvoll halte oder nicht. In den meisten Fällen halte ich es leider selbst nicht für sinnvoll. Also, das heißt, eine halbgare Sache auf sich beruhen lassen. So könnte man es vielleicht auch nennen. Ist dann ja das Endergebnis der ganzen Angelegenheit. Wenn man zu wenig, gefühlt jedenfalls, zu wenig Zeit hat. Also, das heißt, zumindest die wichtigsten Anliegen des Patienten so aufgreifen und behandeln, dass er eben einigermaßen zufrieden ist und sich angenommen und gut behandelt fühlt. Und dass er sich nicht nur durchgewunken fühlt. Das in einer zu kurzen Zeiteinheit. Das ist das, was mir Druck macht. Also den Hauptdruck."

**Leistungsdruck beinhaltet oftmals Erwartungen bzw. Ansprüche erfüllen zu müssen**

Wie im obigen Zitat bereits anklingt, geht es bei der Leistung „guter Arbeit" vielfach darum, *Erwartungen bzw. Ansprüchen gerecht zu werden*, seien es die eigenen Ansprüche, die Ansprüche von Kolleg:innen und Vorgesetzten oder die Erwartungen von Kund:innen, Klient:innen, Auftraggeber:innen und/oder Patient:innen. Hinzu kommt, dass diese Erwartungen oftmals nicht nur *unterschiedlich*, sondern auch *widersprüchlich* sind. Dies schildert die folgende Befragte einer sozialpsychiatrischen Einrichtung:

> „Also, der Leistungsdruck besteht für mich ganz häufig da drin, dass verschiedene Erwartungen an meine Leistungen gesetzt werden. Also, wir haben ja nicht so Leis-

tung hier abzuleisten, dass wir irgendwie 50 Bonbons fertig verpacken müssen am Tag. Sondern die Leistung ist ja so undefinierbar. Und da bestehen total unterschiedliche Erwartungen. Also, sowohl im Team, die Kolleginnen haben auch an sich selbst unterschiedliche Erwartungen, aber auch an die Leistungen der anderen Mitarbeiter. Man schließt ja immer so ein bisschen auch von sich auf andere. Und dazu kommen dann die Erwartung oder dieser Erwartungsdruck oder auch Leistungsdruck von Ämtern und Ärzten und Behörden. Also, das ist noch einmal ein ganz anderer. Und da werden häufig Leistungen erwartet, die uns unsere Einrichtungsleitung oder auch unsere Bereichsleitung oder auch unser Team sogar verbieten würde. Oder sagen würde: Das ist überhaupt nicht unsere Aufgabe. Da gibt es häufig so ein bisschen Konflikte. Und das empfinde ich auf jeden Fall als Leistungsdruck."

**Die (alleinige) Verantwortung für Arbeitsergebnisse und Vorgehensweisen erhöht die Wahrnehmung von Leistungsdruck**

Als ein weiterer wichtiger Aspekt von Leistungsdruck wurde darüber hinaus von den befragten Beschäftigten die Wahrnehmung beschrieben, die *(alleinige) Verantwortung für Vorgehensweisen und Arbeitsergebnisse* zu tragen. Je verantwortungsvoller Tätigkeiten sind, d.h. je gravierender die Konsequenzen von falschen Entscheidungen oder Fehlern sind, desto höher ist der wahrgenommene Leistungsdruck. Davon berichtet eine Assistentin, die unter anderem mit der Endredaktion von Abschlussberichten betraut ist:

„Zum Beispiel vor zwei, drei Wochen, da gab es drei, vier Abschlussberichte. Und der eine war wirklich mit sehr viel Stress verbunden, weil ich eben auch den gesamten Ärger, den es da inhaltlich für die Projektleiter schon gegeben hatte, auch live mitgekriegt hatte und wusste, was da so dranhängt, dass da wirklich jetzt *nichts* mehr schiefgehen darf."

Verantwortung für Arbeitsergebnisse und Vorgehensweisen zu haben, beinhaltet oftmals auch, sich für *Entscheidungen rechtfertigen zu müssen* bzw. diese zumindest *begründen zu können*. Der folgende Befragte schildert recht eindrücklich diesen Aspekt von Leistungsdruck für seine Tätigkeit in einer sozialpsychiatrischen Einrichtung:

„Also, der Leistungsdruck vorher war enorm. Weil da viel über Prüfung gelaufen ist, was die neue Einrichtungsleitung natürlich auch macht, aber nicht in dem Ausmaß. (*Interviewer:* Also Leistungsdruck war die Kontrolle Ihrer Arbeit?) Ja. (*Interviewer:* Was wurde genau kontrolliert?) Alles. Also, es war teilweise schon recht schwierig, weil man sich für seine Entscheidung rechtfertigen musste. Also, wenn man dann irgendwie was gesagt hat oder entschieden hat, musste man im Hinterkopf schon 25 Gegenargumente haben, warum man das so gemacht hat. Und das strengt natürlich enorm an. Also, man wusste genau, man muss sich vielleicht rechtfertigen später für die Entscheidung oder die erklären zumindest. Das musste man immer."

**Die Herausforderung der fachlich kompetenten Tätigkeitsausübung ist ein Aspekt von Leistungsdruck**

Als einen weiteren Aspekt von Leistungsdruck führten viele Beschäftigte außerdem die Anforderung an, den *Herausforderungen ihrer Tätigkeit fachlich gewachsen* zu sein, d.h. die Tätigkeit fachlich kompetent auszuüben, nicht nur der eigenen Wahrnehmung nach, sondern auch in der Außenwahrnehmung bspw. von Kolleg:innen. Dies schildert ein Befragter für seine Tätigkeit als Arzt:

> „Also, Leistung beinhaltet für mich noch mehr als nur das, was im Patientenkontakt stattfindet. Sondern das hat auch was mit Fort- und Weiterbildung zu tun, zum Beispiel. Auf dem aktuellen Stand sein, was neue Medikamente und überhaupt Methoden anbelangt ... Dass ich denke: Oh, Mensch, da kommt jetzt jemand und sagt, er war irgendwie in einer Uniklinik, ist da mit dem xy-Verfahren behandelt worden und so. Und ich weiß zwar in etwa, was das ist, aber denke: Eigentlich müsste ich mich besser auskennen, um besser anknüpfen zu können ... Und auch in der Supervision würde ich selber auch nicht jeden x-beliebigen, also jetzt nach Zufallsprinzip gezogenen, Patienten unbedingt dort gerne vorstellen wollen. Es fühlt sich gegebenenfalls natürlich nicht schön an, wenn man nicht nur hilfreiche Zusatzvorschläge bekommt, sondern wenn man gesagt bekommt: ‚Ja, da hättest du auch selber draufkommen können', so ungefähr. Oder: ‚Das macht man ja eigentlich gründlicher', oder so."

In einer Zeit, in der die Komplexität in der Arbeitswelt steigt (z. B. durch komplexere Produkte, höhere Ansprüche; siehe hierzu auch Abschnitt 6.1), wird dieser Aspekt der potenziellen fachlichen Überforderung für die Beschäftigten zunehmend spürbar (vgl. auch Kubicek, Paskvan & Korunka, 2015).

**Leistungsdruck beinhaltet die Anforderung des effektiven Arbeitens**

Zu guter Letzt beschrieben einige Beschäftigte als einen wichtigen Aspekt von Leistungsdruck die Wahrnehmung, *effektiv arbeiten zu müssen*, d. h. vorgegebene Ziele und Zahlen zu erreichen, so wie die folgende Befragte:

> „Ich spüre mehr den Leistungsdruck als den Zeitdruck. Weil wir ja hier als Behandler sozusagen immer direkt sehen, wann nehme ich denn Geld ein und wann nicht. Also, wenn ich ein Patientengespräch habe, Gruppe oder Einzel, dann ist das Geld für unsere Einrichtung. Wenn ich etwas anderes mache, nicht. Wenn der Termin ausfällt, bekommt unsere Einrichtung kein Geld. Wenn ich hier telefoniere, den Patienten anrufe, bekommt unsere Einrichtung kein Geld. Und das ist etwas, was ich sehr, sehr stark merke. Also, wir machen auch immer Quartalsabrechnungen. Wie haben wir abgeschnitten, was haben wir eingenommen, was haben wir ausgegeben? An Personalkosten, Miete, Sachkosten und so. Ist genug Geld reingekommen? Und das merke ich sehr deutlich."

Zusammengefasst bedeutet also Leistungsdruck für Beschäftigte, „gute Arbeit" bzw. eine akzeptable Arbeitsqualität in begrenzter Arbeitszeit und bei gegebener Arbeitsmenge zu leisten. Die Arbeitsqualität wird in der Wahrnehmung der Beschäftigten definiert über die Erfüllung unterschiedlicher, teilweise auch widersprüchlicher Erwartungen, fehlerfreie Arbeit und richtige Entscheidungen, eine fachlich kompetente Tätigkeitsausübung sowie Effektivität.

### 2.2.2 Fazit zum Erleben von Zeit- und Leistungsdruck

Beschäftigte beschreiben unterschiedliche, konkrete Aspekte ihrer Tätigkeiten, die sie als Zeitdruck bzw. Leistungsdruck erleben. Für unterschiedliche Beschäftigte und ihre Tätigkeiten stehen verschiedene Aspekte im Vordergrund, sodass Zeit- und Leistungsdruck durchaus unterschiedlich erlebt wird bzw. verschiedene Erscheinungsfor-

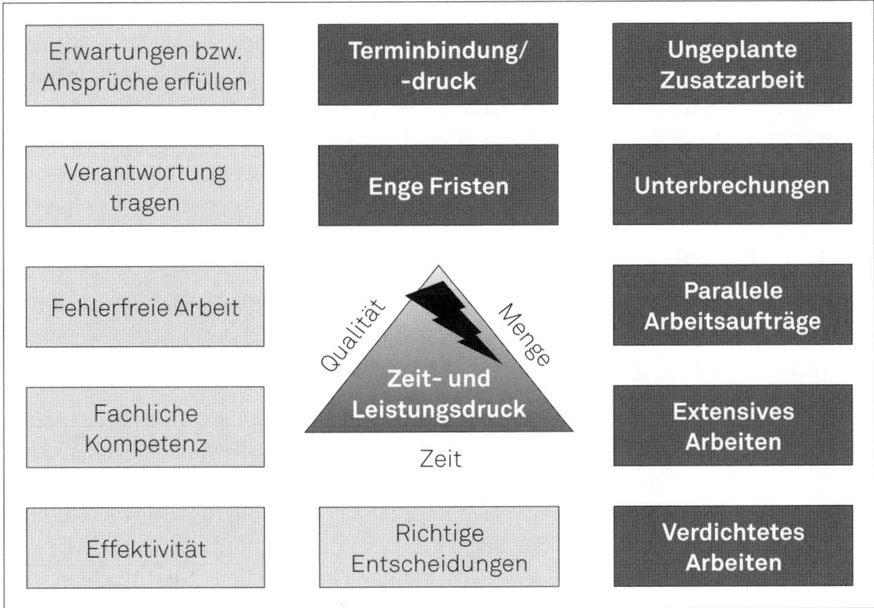


*Anmerkung:* Aspekte von Zeitdruck sind in weißer Schrift dargestellt, Aspekte von Leistungsdruck in schwarzer Schrift.

**Abbildung 1:** Aspekte von Zeit- und Leistungsdruck im Erleben der Beschäftigten

men hat. Alle Aspekte können jedoch dem Spannungs- bzw. Missverhältnis zwischen den Dimensionen nach Trägner (2006) zugeordnet werden. Abbildung 1 veranschaulicht dies noch einmal in der Zusammenfassung.

## 2.3 Arbeitsintensität in Theorien und Modellen

*Anika Schulz-Dadaczynski*

Nachdem in den beiden vorangegangenen Abschnitten erläutert wurde, was in Wissenschaft und Praxis unter Arbeitsintensität verstanden wird, werden in diesem Abschnitt eine Reihe von Theorien und Modellen zur Arbeitsintensität vorgestellt, die für verschiedene Fragestellungen von Bedeutung sind. Modelle leiten sowohl Untersuchungen zu Arbeitsintensität als auch die Interpretation von Ergebnissen, aus denen wiederum Empfehlungen für die betriebliche Praxis abgeleitet werden können. So sind Modelle bspw. die Basis für die Entwicklung von Instrumenten zur Erfassung von Arbeitsintensität, z.B. durch Fragebögen, und ein Ordnungsrahmen bei der Ergebnisdarstellung. Dabei liegen den verschiedenen Modellen unterschiedliche Vorstellungen zu den Wirkmechanismen von Arbeitsintensität und ihrer Rolle als Merkmal von Arbeit zugrunde, und diese Modellannahmen haben einen Einfluss darauf, ob Arbeitsintensität zunächst als neutral, negativ oder gleichermaßen positiv wie negativ eingeordnet wird.

**Annahmen zu den Wirkungen und zur Rolle von Arbeitsintensität unterscheiden sich zwischen Theorien und Modellen**

Die folgende Darstellung erhebt aufgrund der Vielzahl an Modellen sowie an Weiterentwicklungen keinen Anspruch auf Vollständigkeit. Es wurden sowohl ältere als auch jüngere Modelle ausgewählt, deren Modellannahmen unterschiedliche Komplexitätsgrade aufweisen und die in der Forschung und Praxis zu Arbeitsintensität (bspw. im Rahmen wissenschaftlicher Forschung oder im Arbeitsschutz bei der Entwicklung von Normen) wichtige Grundlagen darstellen.

### 2.3.1 Das Belastungs-Beanspruchungs-Konzept

Das bereits in den 70er Jahren entstandene Belastungs-Beanspruchungs-Konzept (Rohmert, 1984; Rohmert & Rutenfranz, 1975) unterscheidet zwischen der Einwirkung der Belastung auf Beschäftigte und ihren Auswirkungen in Form von Beanspruchung.

**Arbeitsintensität ist nach dem Modell ein zunächst neutraler Faktor, der zu unterschiedlicher Beanspruchung führen kann**

Die *Belastung* ist zu verstehen als „die Gesamtheit aller Bedingungen, die bei der Arbeit auf den Menschen einwirken" (Rohmert, 1984). Dies können sowohl unterschiedlichste physikalische Faktoren sein, wie bspw. Lärm oder Beleuchtung, als auch psychische Faktoren, so z. B. die Arbeitsintensität. Nach dem Modell wirkt die Belastung auf die Beschäftigten ein und kann – in Abhängigkeit von individuellen Einflussfaktoren, wie z. B. Alter, Fähigkeiten etc. – verschiedene Auswirkungen haben. Diese Auswirkungen können sowohl positiv (bspw. positive Aktivierung, Energie) als auch negativ im Sinne einer beeinträchtigenden Beanspruchungsfolge sein (bspw. Stressempfinden oder Erschöpfung). Verschiedene Beschäftigte können also durch gleiche Belastung durchaus unterschiedlich *beansprucht* werden, da sie individuelle Unterschiede aufweisen. Im Hinblick auf die Arbeitsintensität wird in der Praxis dann manchmal davon gesprochen, dass verschiedene Beschäftigte unterschiedlich „belastbar" seien. Solch eine Auslegung des Modells ist jedoch dann kritisch zu bewerten, wenn beeinträchtigende Beanspruchungsfolgen durch eine (zu) hohe Arbeitsintensität auf eine zu geringe „Belastbarkeit" von Beschäftigten reduziert oder gar bagatellisiert werden. Vor dem Hintergrund der Annahmen des Belastungs-Beanspruchungs-Modells ist Arbeitsintensität zunächst als ein neutraler Faktor bei der Arbeit zu bewerten (vgl. auch Abschnitt 2.1). Abbildung 2 veranschaulicht die Annahmen des Belastungs-Beanspruchungs-Konzeptes.

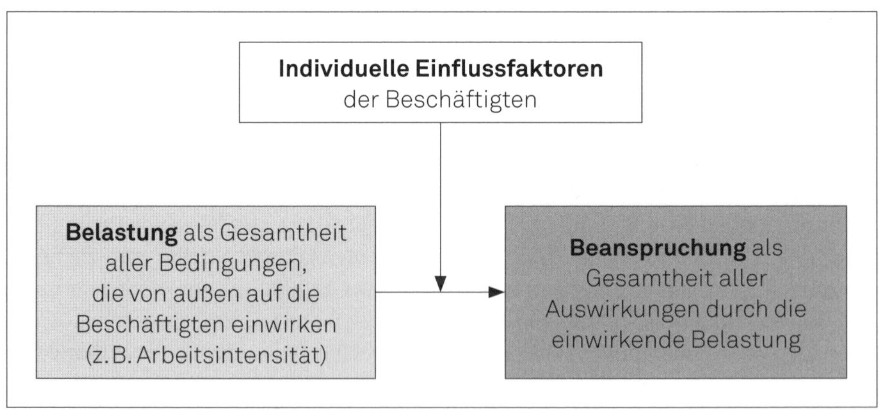


**Abbildung 2:** Wirkannahmen des Belastungs-Beanspruchungs-Modells

### 2.3.2 Das Anforderungs-Belastungs-Konzept aus der Handlungsregulationstheorie

Die Handlungsregulationstheorie (kurz: HRT) entwickelte sich hauptsächlich in der Arbeitspsychologie zu Beginn der 70er Jahre, womit sie sich vorrangig auf Arbeitstätigkeiten bezieht (Hacker, 1973; Volpert, 1971). Sie vertritt ein Menschenbild, das Menschen als aktive Wesen versteht, die bewusst und zielgerichtet auf ihre Umwelt einwirken. Vor diesem Hintergrund leitet die HRT einige Grundmerkmale menschlichen Handelns ab, welche als Besonderheiten und Stärken des Menschen angesehen werden (Oesterreich, 1981). So sei menschliches Handeln *zielgerichtet* und *gegenständlich*, d.h. Menschen wirken bewusst auf ihre Umwelt ein. Außerdem ist menschliches Handeln *sozial* und *prozesshaft*, d.h. sowohl gesellschaftlich als auch in größere Handlungsgefüge eingebettet. Arbeitstätigkeiten, die diesen Grundmerkmalen menschlichen Handelns Rechnung tragen, die also z.B. soziale Interaktionen sowie die Erreichung von Zielen inklusive Ergebnisfeedback ermöglichen, sind gemäß der HRT sowohl positiv für die Beschäftigten als auch effektiv (Dunckel, 1996; Oesterreich, 1999).

Vor dem Hintergrund der HRT entstand das Anforderungs-Belastungs-Konzept (Leitner, 1999), welches zwei wesentliche Kernaussagen umfasst:

1. Arbeitstätigkeiten beinhalten psychische *Anforderungen*, die positive Aspekte von Arbeitsbedingungen darstellen (bspw. Entscheidungsspielräume bei der Aufgabenausführung). Sie ermöglichen es den Beschäftigten, bspw. ihre beruflichen Qualifikationen einzusetzen, dadurch zu erhalten und ggf. zu erweitern und wirken persönlichkeitsförderlich. Damit unterstützen psychische Anforderungen positive Aspekte von Gesundheit und sind wichtig und wünschenswert. Die Ausprägung psychischer Anforderungen sagt jedoch nichts über psychische Belastungen aus, da sie unabhängig von selbigen sind.
2. Arbeitstätigkeiten beinhalten zugleich psychische *Belastungen*[1], die negative Aspekte von Arbeitsbedingungen kennzeichnen. Psychische Belastungen behindern die Aufgabenausführung (bspw. Defizite an arbeitsrelevanten Informationen oder Unterbrechungen) und fördern negative Aspekte von Gesundheit, d.h. sie erhöhen Gesundheitsrisiken. Somit sind Belastungen zu vermeiden, das Belastungsoptimum liegt bei null. Das Vorhandensein psychischer Belastungen hat jedoch keinen Einfluss auf die Höhe der psychischen Anforderungen.

Psychische Anforderungen und psychische Belastungen sind somit zwei voneinander unabhängige Dimensionen, die in Bezug auf die Gesundheit in zwei gegensätzliche Richtungen wirken. Diese Unabhängigkeit und die unterschiedlichen Wirkrichtungen wurden auch empirisch nachgewiesen, vor allem durch die sogenannte AIDA-Längsschnittstudie, welche im Bürobereich von Industrieunternehmen durchgeführt wurde (Leitner, 1999).

1 In der HRT sind Belastungen negative Einflussfaktoren. Zudem wird der Begriff sowohl im Singular als auch im Plural verwendet. Im Gegensatz dazu ist im zuvor beschriebenen Belastungs-Beanspruchungs-Modell die Belastung ein neutraler Einflussfaktor, der – da er die Gesamtheit aller Einflussfaktoren beschreibt – immer im Singular benutzt wird.

Arbeitsintensität ist nach dem Modell eine psychische Belastung und möglichst zu vermeiden

Arbeitsintensität wäre in diesem Konzept als psychische Belastung einzuordnen und – anders als im Belastungs-Beanspruchungs-Konzept – nicht als zunächst neutrales Merkmal von Arbeit zu bewerten, sondern per se als negatives Arbeitsmerkmal. Somit unterscheiden sich die Modellannahmen grundlegend voneinander, da das Anforderungs-Belastungs-Konzept von vornherein eine theoretisch begründete Einordnung und Bewertung von Arbeitsmerkmalen vornimmt. Abbildung 3 veranschaulicht die Modellannahmen noch einmal in der Zusammenfassung.

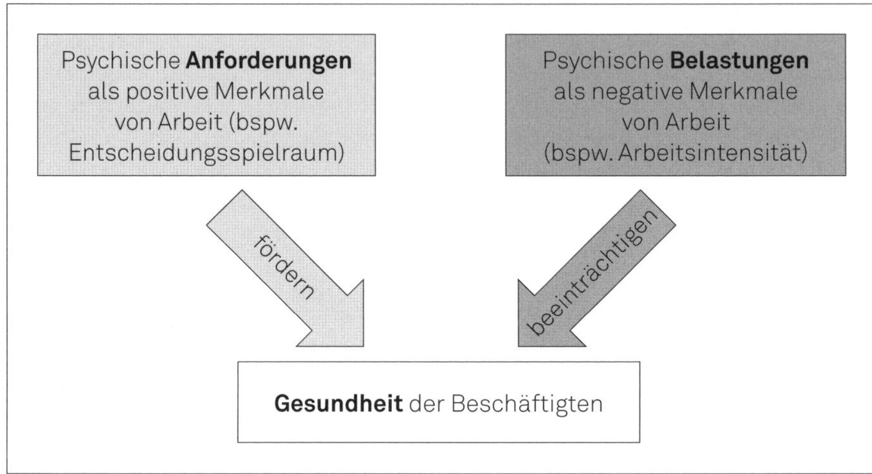


**Abbildung 3**: Annahmen des Anforderungs-Belastungs-Konzeptes

### 2.3.3 Das transaktionale Stressmodell

Die Valenz von Arbeitsmerkmalen ist nach dem Modell abhängig von drei Bewertungsprozessen

Das transaktionale Stressmodell (Lazarus & Folkman, 1984) geht nicht von einem einfachen Wirkmechanismus zwischen Merkmalen der (Arbeits-)Situation und Individuen aus, sondern von mehrstufigen Interaktions- bzw. Transaktionsprozessen. Ob bestimmte Merkmale von Arbeit als positiv oder negativ eingestuft werden, hängt von vorhergehenden Bewertungsprozessen durch die Beschäftigten ab.

Das Modell unterscheidet zwischen insgesamt drei Bewertungsprozessen: Zunächst erfolgt eine *erste Einschätzung* der Situation, das sogenannte „primary appraisal“, in dem die Beschäftigten vorliegende Bedingungen bzw. Anforderungen bewerten. Als Ergebnis dieser Einschätzung wird die Situation als irrelevant, günstig oder stressrelevant wahrgenommen (im Sinne von neutral, positiv herausfordernd oder schädigend, bzw. bedrohlich).

Wird die Situation als stressrelevant eingeschätzt, erfolgt eine *zweite Einschätzung* („secondary appraisal“) dahingehend, ob die Person über ausreichend Ressourcen verfügt, um die Situation dennoch gut zu bewältigen. Bei diesen Ressourcen kann es sich um unterschiedliche „Kraftquellen“ der Person handeln, sowohl in Form von eigenen Eigenschaften (bspw. Fähigkeiten oder Kompetenzen) als auch um materielle Ressourcen (bspw. unterstützende Arbeitsmittel) oder soziale Ressourcen (bspw. Unterstützung durch Kolleg:innen oder Vorgesetzte).

**Bewältigungsverhalten: Unterscheidung von instrumentellem und emotionalem Coping**

Das Modell geht außerdem davon aus, dass Beschäftigte auf unterschiedliches Bewältigungsverhalten (das sogenannte *Coping*) zurückgreifen, um mit festgestellten Herausforderungen und Bedrohungen umzugehen. Es unterscheidet zwischen dem instrumentellen Coping, welches lösungsorientiert und problemzentriert ist, und dem emotionalen Coping, welches auf eine Verminderung des Belastungsempfindens zielt, bspw. durch positive Ablenkung. Abschließend erfolgt das sogenannte „Re-Appraisal", d.h. eine *erneute Situationsbewertung* daraufhin, ob die Situation weiterhin als stressrelevant eingestuft wird oder nicht.

Bezogen auf Arbeitsintensität würde also zunächst eine erste Einschätzung der Arbeitssituation stattfinden, ob diese eine Bedrohung darstellt, z.B. ob Deadlines als zu knapp erscheinen oder Leistungserwartungen als überhöht. Im zweiten Einschätzungsschritt würden dann vorhandene Ressourcen bedacht werden, wie bspw. Unterstützungsmöglichkeiten durch Kolleg:innen und Vorgesetzte, aber auch Möglichkeiten für Fristverlängerungen oder das Vertrauen in die eigenen Fähigkeiten. Bei einer festgestellten Bedrohung durch eine zu hohe Arbeitsintensität könnten Beschäftigte bspw. aktiv nach Unterstützung suchen (instrumentelles Coping) oder versuchen, sich durch eine angenehme Mittagspause erst einmal zu beruhigen (emotionales Coping). Vor dem Hintergrund der vorhandenen Ressourcen und Bewältigungsmöglichkeiten würde dann die abschließende Situationsbewertung im Re-Appraisal erfolgen, wobei sich die Bewertungsprozesse auch mehrmals wiederholen können.

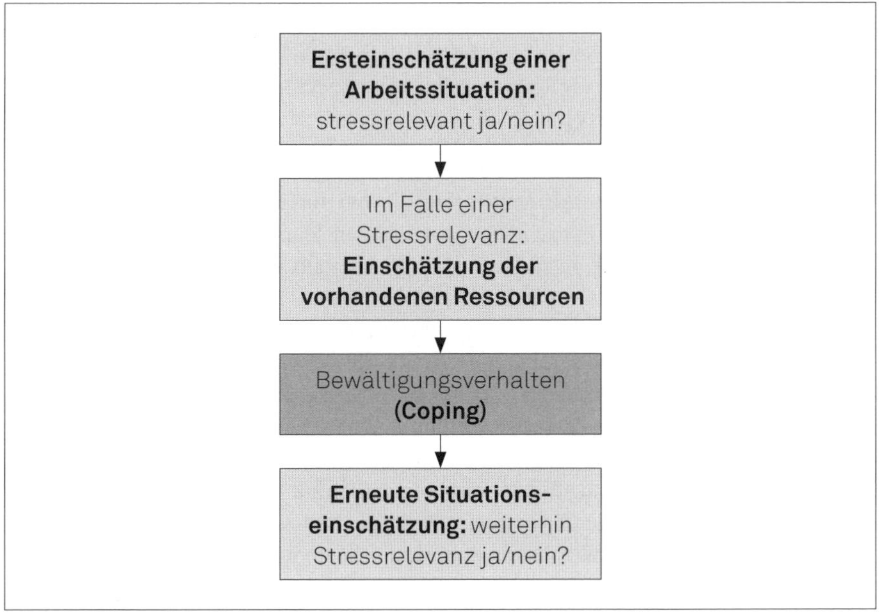


**Abbildung 4:** Annahmen des transaktionalen Stressmodells

**Arbeitsintensität ist nach dem Modell ein neutrales Merkmal von Arbeit, dessen Bewertung in drei Einschätzungsschritten erfolgt**

Genau wie das Belastungs-Beanspruchungs-Konzept geht das transaktionale Stressmodell somit zunächst davon aus, dass die Arbeitsintensität ein neutrales Merkmal von Arbeit ist. Eine Wertung ergibt sich erst über die Bewertungsprozesse und die darin enthaltenen Elemente (Stressrelevanz, Ressourcen, Bewältigungsverhalten). Abbildung 4 fasst die Annahmen des transaktionalen Stressmodells zusammen.

### 2.3.4 Das Modell der Ressourcenerhaltung

**Die Auseinandersetzung der Beschäftigten mit ihren Ressourcen steht im Mittelpunkt des Modells der Ressourcenerhaltung**

Hobfoll (1989) entwickelte das Modell der Ressourcenerhaltung, die sogenannte Conservation of Resources Theory (COR-Theorie). Bei dieser Theorie handelt es sich gewissermaßen um eine Weiterentwicklung des oben vorgestellten transaktionalen Stressmodells, da auch hier die Auseinandersetzung von Personen (Beschäftigten) mit ihrer Umwelt (Arbeitssituation) betrachtet wird. Wie der Name der Theorie allerdings schon vermuten lässt, stellt die Auseinandersetzung von Personen mit Ressourcen den Mittelpunkt der Theorie dar.

Die COR-Theorie nimmt an, dass Menschen stets danach streben, ihre Ressourcen zu erhalten und auszubauen. Unter *Ressourcen* werden generell all jene Dinge verstanden, die für eine Person wertvoll sind, womit das Modell ein sehr breites Verständnis von Ressourcen vertritt. Im Arbeitskontext können wichtige Ressourcen z.B. Spielräume bei der Arbeit (Entscheidungsspielräume, Handlungsspielräume, zeitliche Spielräume etc.), gute soziale Beziehungen mit Kolleg:innen oder Anerkennung für Leistung sein. Gemäß der Theorie entsteht Stress dann, wenn Ressourcen verloren wurden, ein Verlust von Ressourcen droht oder ein erwarteter Ressourcengewinn ausbleibt (Hobfoll & Shirom, 2000). Bedroht eine hohe Arbeitsintensität bspw. als wertvoll wahrgenommene zeitliche Spielräume bei der Arbeit, die Work-Life-Balance oder die Stimmung im Team, droht ein Ressourcenverlust, welcher der eigentliche Auslöser für wahrgenommenen Stress ist.

**Stress entsteht bei (drohendem) Ressourcenverlust und ausbleibendem Ressourcengewinn**

Gemäß dem Modell sollten nicht nur Stressoren (wie bspw. eine hohe Arbeitsintensität) abgebaut, sondern zugleich Ressourcen gestärkt und aufgebaut werden, um Ressourcenverlusten gezielt entgegenzuwirken. So könnte in Phasen hoher Arbeitsintensität bspw. das Teamklima gezielt gestärkt werden. Andernfalls kann es gemäß dem Modell auch zu sogenannten *Verlustspiralen* kommen, die besonders schwerwiegend sind. Beispielsweise könnte eine zu hohe Arbeitsintensität nicht nur zu einem Verlust des guten Teamklimas führen, sondern darüber hinaus auch die Zusammenarbeit im Team bedrohen oder zu wegfallenden sozialen Kontakten nach Feierabend führen, die als sehr wertvoll für die Stressbewältigung erachtet werden. Auch eine *Gewinnspirale* an Ressourcen ist denkbar. So könnte umgekehrt eine Verbesserung des Teamklimas zu mehr gegenseitiger sozialer Unterstützung führen und letztendlich zur Pflege von sozialen Kontakten mit Kolleg:innen auch in der Freizeit beitragen, was wiederum die Zusammenarbeit im Team verbessert usw. Allerdings ist der Verlust von Ressourcen grundsätzlich schwerwiegender und demzufolge nicht so einfach durch Gewinne auszugleichen. Die Vermeidung eines Ressourcenverlustes und insbesondere die Entstehung von Verlustspiralen ist somit oberstes Ziel, um die Entstehung von Stress und resultierender negativer Konsequenzen – wie bspw. Burnout – zu vermeiden (Buchwald & Hobfoll, 2004).

Abbildung 5 veranschaulicht die Annahmen des Modells.

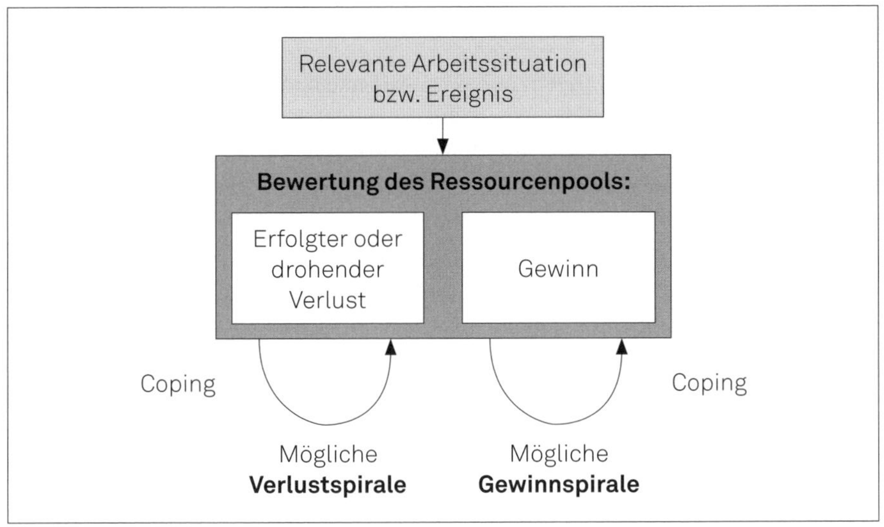


**Abbildung 5:** Annahmen des Modells der Ressourcenerhaltung

### 2.3.5 Das Anforderungs-Kontroll-Modell (Job-Demand-Control Model)

Ein sehr bekanntes Modell, das sich mit dem Wechselspiel bzw. Zusammenspiel zwischen Anforderungen und Ressourcen beschäftigt, ist das Anforderungs-Kontroll-Modell (Job-Demand-Control Model; Karasek & Theorell, 1990).

**Das Modell beschäftigt sich mit dem Zusammenspiel aus Anforderungen und Ressourcen**

Das Modell betrachtet zum einen die sogenannten *„Demands"* als Ausmaß an Anforderungen, die eine Arbeitsaufgabe an Beschäftigte stellt. Diese Anforderungen beinhalten auch die Arbeitsintensität. Zum anderen betrachtet das Modell den Faktor *„Control"* als zentrale Ressource. Mit der Kontrolle über die Arbeitsaufgaben sind nicht nur Entscheidungsspielräume bzw. die Autonomie bei der Arbeit gemeint, sondern dies umfasst auch die Möglichkeit, eigene Fähigkeiten anzuwenden und weiterzuentwickeln.

Die Beanspruchung der Beschäftigten bzw. das Ausmaß von Stress steht nach dem Modell mit bestimmten Kombinationen aus „Demands" und „Control" in Zusammenhang. Das Modell geht von insgesamt vier unterschiedlichen Kombinationsmöglichkeiten und daraus resultierenden Beanspruchungen aus:

**Aus vier möglichen Kombinationen von Anforderungen und Ressourcen ergeben sich unterschiedliche Beanspruchungen der Beschäftigten**

1. Vor allem Tätigkeiten mit hohen Anforderungen und niedriger Kontrolle sind negativ beanspruchend und bergen gesundheitliche Risiken. Es handelt sich um hoch beanspruchende bzw. stressige Tätigkeiten („Stressige Jobs").
2. Tätigkeiten mit hohen Anforderungen und gleichzeitig hoher Kontrolle sind hingegen positiv beanspruchend im Sinne von positiver Herausforderung und Entwicklungsmöglichkeiten. Es handelt sich dann um sogenannte aktive Tätigkeiten bzw. „Aktive Jobs".

3. Weisen Tätigkeiten sowohl geringe Anforderungen als auch geringe Kontrolle auf, handelt es sich um passive Tätigkeiten bzw. „Passive Jobs“, welche zu einer Unterforderung und Monotonieerleben und damit ebenfalls zu einer Fehlbeanspruchung führen können.
4. Auch Tätigkeiten mit niedrigen Anforderungen und hoher Kontrolle, die sogenannten niedrig beanspruchenden bzw. ruhigen Tätigkeiten („Ruhige Jobs“), können eine Unterforderung der Beschäftigten zur Folge haben.

Ungünstig sind „Stressige Jobs“, bei denen hohe Anforderungen mit geringer Kontrolle zusammentreffen. Optimal sind hingegen „Aktive Jobs“, denn bei dieser Kombination kann nicht nur eine hohe Arbeitsintensität bis zu einem gewissen Maße über Kontrolle kompensiert werden, sondern sie bietet darüber hinaus den Beschäftigten Lern- und Entwicklungsmöglichkeiten. Aus dem Modell ließe sich für die Arbeitsgestaltung ableiten, dass nicht nur die Verminderung hoher Arbeitsintensität eine Stellschraube für die Reduktion von Stress darstellen könnte, sondern auch eine entsprechende Erhöhung der Kontrolle wirksam wäre. Da jedoch Anforderungen, realistisch betrachtet, tatsächlich zu hoch sein können (und damit nicht mehr durch Ressourcen ausgeglichen werden können) und die angenommenen Wechselwirkungen zudem in empirischen Untersuchungen nicht ausreichend bestätigt worden sind, sind die Gestaltungsaussagen des Modells durchaus kritisch zu hinterfragen.

Abbildung 6 veranschaulicht die vier möglichen Jobformen nach dem Anforderungs-Kontroll-Modell.

| | | Kontrolle | |
|---|---|---|---|
| | | niedrig | hoch |
| Anforderungen | niedrig | passive Jobs | ruhige Jobs |
| | hoch | stressige Jobs | aktive Jobs |

**Abbildung 6:** Annahmen des Anforderungs-Kontroll-Modells

### 2.3.6 Das Job Demands-Resources Model

Ein weiteres prominentes Modell, das sich mit dem Wechselspiel von Anforderungen und Ressourcen beschäftigt, ist das Job Demands-Resources Model (Demerouti et al., 2001).

Ein wesentlicher Unterschied zum Anforderungs-Kontroll-Modell (siehe Abschnitt 2.3.5) besteht darin, dass sich das Modell nicht auf zuvor festgelegte Anforderungen und Ressourcen beschränkt, sondern dass alle Merkmale der Arbeit als Anforderungen oder Ressourcen betrachtet werden können, wie bspw. Leistungsfeedback, Sinnhaftigkeit bei der Arbeit, emotionale Anforderungen und viele weitere (Bakker & Demerouti, 2007). Das Modell ist somit eher als ein Rahmen zu verstehen, der für unterschiedlichste Tätigkeiten mit ihren jeweils spezifischen Anforderungen und Ressourcen angepasst werden kann.

**Das Modell bildet einen Rahmen für die Betrachtung des Wechselspiels unterschiedlichster Anforderungen und Ressourcen**

Ein weiterer grundlegender Unterschied zum Anforderungs-Kontroll-Modell besteht darin, dass das Job Demands-Resources Model nicht nur das Zusammenspiel von Anforderungen und Ressourcen betrachtet und in diesem Rahmen eine Pufferwirkung der Ressourcen annimmt, sondern darüber hinaus auch eigenständige Wirkungen von Anforderungen und Ressourcen postuliert, einen sogenannten dualen Prozess. Anforderungen haben gemäß dem Modell negative Auswirkungen in Form von *„strain“* (dt. negative Beanspruchung), der sich bspw. in Burnout und anderen negativen Gesundheitsindikatoren manifestieren kann, wohingegen Ressourcen positive Auswirkungen in Form von *„motivation“* (dt. positive Beanspruchung) haben, die sich bspw. in hohem Engagement und Spaß bei der Arbeit niederschlagen können (Bakker & Demerouti, 2007). Das höchste Motivationspotenzial haben Ressourcen jedoch dann, wenn die Anforderungen hoch sind, also bspw. bei hoher Arbeitsintensität (Bakker et al., 2007). „Strain“ bzw. „motivation“ haben wiederum Einfluss auf unterschiedliche organisationale Indikatoren wie bspw. Fluktuation oder Absentismus der Beschäftigten. Diese vom Modell angenommenen Wirkmechanismen wurden mittlerweile für verschiedene Berufsgruppen, wie bspw. Beschäftigte im Callcenter oder Lehrkräfte, untersucht und bestätigt (Bakker & Demerouti, 2007).

**Nach dem Modell können Beschäftigte durch unterschiedliches Verhalten Einfluss auf ihre Arbeitsbedingungen nehmen**

In jüngerer Zeit wurde das Modell durch die wichtige Annahme erweitert, dass die Beschäftigten selbst Einfluss auf ihre Arbeitsbedingungen nehmen können und somit den Anforderungen und Ressourcen nicht passiv „ausgesetzt“ sind (Bakker & Demerouti, 2017; Bornewasser & Wegge, 2018). Diese mögliche Einflussnahme wird in zweierlei Hinsicht postuliert: Beschäftigte können zum einen durch selbstgefährdendes Verhalten („self-undermining“) ihre Arbeitsbedingungen weiter verschlechtern. Hierzu würden negativ beanspruchte Beschäftigte tendieren, wodurch es auch zu Verlustspiralen kommen kann. Ein Beispiel hierfür sind durch eine hohe Arbeitsintensität erschöpfte Beschäftigte, die durch das Leisten von Mehrarbeit oder Präsentismus zu immer mehr Arbeitsintensität beitragen. Zum anderen können Beschäftigte durch selbstgestaltendes Verhalten („Job Crafting“) ihre Arbeitsbedingungen verbessern. Hierzu würden motivierte Beschäftigte tendieren, wodurch dann auch Gewinnspiralen entstehen können. Ein Beispiel hierfür sind motivierte Beschäftigte, die sich bei hoher Arbeitsintensität aktiv Unterstützung suchen und hierüber ihre Arbeitsintensität selbst reduzieren. Somit lenkt das Modell den Blick auf zwei gänzlich unterschiedliche Arten an Umgangsweisen mit Arbeitsbedingungen bzw. Beanspruchung.

Abbildung 7 können die Modellannahmen noch einmal zusammenfassend entnommen werden.

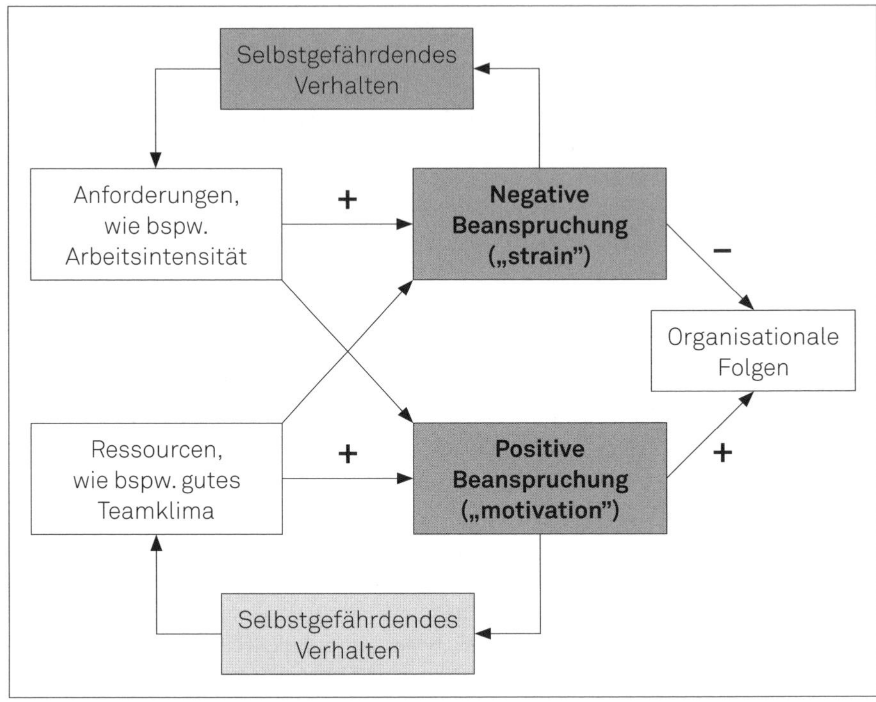


**Abbildung 7:** Annahmen des Job Demands-Resources Model

## 2.3.7 Das Demand-Induced Strain Compensation Model (DISC-Modell)

Auch das Demand-Induced Strain Compensation Model (DISC-Modell) beschäftigt sich mit der Thematik des Wechselspiels aus Anforderungen und Ressourcen (Daniels & de Jonge, 2010). In seinen Annahmen geht es jedoch noch über die zwei zuvor vorgestellten Modelle (vgl. Abschnitt 2.3.5 und 2.3.6) hinaus.

**Gemäß dem DISC-Modell sollte es eine Passung zwischen Anforderungen, Ressourcen und Beanspruchungen geben**

So postuliert das Modell ein sogenanntes „Triple-Match-Principle". Dahinter verbirgt sich die Annahme, dass es dreierlei Passungen geben sollte, um ein möglichst gutes Wechselspiel, d.h. eine möglichst starke abpuffernde Wirkung der Ressourcen, zu erreichen: (1) Ressourcen sollten zu den Anforderungen passen, (2) Ressourcen sollten zu den abzupuffernden Beanspruchungen passen, und (3) Anforderungen sollten zu den Beanspruchungen passen. Diesbezüglich unterscheidet das Modell zwischen drei unterschiedlichen Arten an Anforderungen, Ressourcen und Beanspruchungen: (1) kognitiven, (2) emotionalen und (3) physischen.

Entsprechend den Modellvorstellungen werden die gesundheitsförderlichsten Effekte dann erwartet, wenn sowohl Anforderungen als auch Ressourcen und Beanspruchungen einer Art vorliegen. Liegen bspw. Anforderungen emotionaler Art vor (z.B. schwierige Interaktionen mit Kund:innen), führen diese am wahrscheinlichsten zu emotionaler Beanspruchung (bspw. zu emotionaler Erschöpfung), welche dann am besten durch Ressourcen emotionaler Art abgepuffert werden kann (z.B. durch emotionale Unterstützung von Kolleg:innen).

Bezogen auf eine hohe Arbeitsintensität (als kognitive Anforderung) wären laut Modell am ehesten kognitive Beanspruchungen zu erwarten (bspw. Schwierigkeiten von der Arbeit „abzuschalten"), welche bestenfalls durch kognitive Ressourcen (bspw. Handlungs- und Entscheidungsspielräume bei der Tätigkeitsausübung) abgepuffert werden könnten.

Diese recht spezifischen Annahmen des Modells wurden für erste Kombinationen aus Anforderungen, Ressourcen und Beanspruchungen bereits untersucht (insbesondere für Kombinationen emotionaler Art). Die Ergebnisse unterstützen die Kernannahmen des Modells (Daniels & de Jonge, 2010; de Jonge & Dormann, 2006), aufgrund der hohen Vielfalt an unterschiedlichen Anforderungen, Ressourcen und Beanspruchungen und dementsprechenden Kombinationsmöglichkeiten stehen weitere Belege für die Modellannahmen jedoch noch aus.

### 2.3.8 Das Challenge-Hindrance Framework

Ein weiteres relevantes Modell zur Erklärung der Wirkungen von Arbeitsintensität ist das Challenge-Hindrance Model bzw. Framework, welches ebenfalls als ein Rahmenmodell zur Einordnung von Arbeitsmerkmalen zu verstehen ist (LePine, LePine & Jackson, 2004).

**Das Modell unterscheidet herausfordernde und behindernde Stressoren**

Auch dieses Modell nimmt eine Einteilung von Arbeitsmerkmalen vor: Es unterscheidet zwei Arten von Stressoren bei der Arbeit: (1) die sogenannten „challenge stressors" (herausfordernde Stressoren) und (2) die sogenannten „Hindrance Stressors" (behindernde Stressoren).

Während „Hindrance Stressors" ausschließlich mit negativen gesundheitsbezogenen Auswirkungen verbunden sind, bspw. in Form von Stressempfinden oder Arbeitsunzufriedenheit, haben „challenge stressors" neben negativen Auswirkungen gleichzeitig auch positive arbeitsbezogene Auswirkungen, bspw. in Form von positiven Emotionen, Motivation oder dem Empfinden von Selbstwirksamkeit. Die Annahme dieses gleichzeitigen Auftretens von positiven wie negativen Konsequenzen der „challenge stressors" ist die Besonderheit des Modells.

**Arbeitsintensität kann gleichzeitig sowohl positive als auch negative Auswirkungen haben**

Ein Beispiel für einen „hindrance stressor" mit ausschließlich negativen Auswirkungen ist Arbeitsplatzunsicherheit. Als „challenge stressor" wird hingegen explizit Arbeitsintensität bzw. Zeit- und Leistungsdruck postuliert und untersucht (Cavanaugh et al., 2000; Widmer et al., 2012). Das Modell nimmt an, dass eine hohe Arbeitsintensität zwar durchaus zu negativen Auswirkungen wie Stressempfinden oder Erholungsproblemen (z.B. Probleme beim Abschalten von der Arbeit) führen kann, gleichzeitig jedoch auch zu positiven Auswirkungen wie Motivation und Selbstwirksamkeitserleben. Allerdings hängt es anscheinend auch von der Höhe der Arbeitsintensität sowie der Bewertung durch die Beschäftigten ab (vgl. diesbezüglich auch Abschnitt 2.3.3), ob sich tatsächlich nicht nur negative, sondern auch positive Auswirkungen zeigen (Edwards et al., 2014; Kern & Ohly, 2020). Zudem bleiben einige Fragen bezüglich der zugrundeliegenden Wirkmechanismen offen. Dennoch lenkt das Modell das Augenmerk auf die Mehrdeutigkeit, die Arbeitsintensität haben kann.

### 2.3.9 Fazit

Die Vorstellung unterschiedlicher Modelle sollte verdeutlichen, dass Modellannahmen einen Einfluss darauf haben, wie Arbeitsintensität als Merkmal von Arbeit eingeordnet wird (per se als negativ, als zunächst neutral oder gleichermaßen als negativ wie positiv) in Abhängigkeit von den postulierten Wirkmechanismen und Auswirkungen.

In empirischen Untersuchungen werden Modellannahmen getestet, widerlegt, bestätigt und weiterentwickelt. Modelle haben jedoch nicht nur eine Relevanz für die Untersuchung von Arbeitsintensität in der betrieblichen Realität, sondern letztendlich auch für ihre Gestaltung. Während gemäß dem Anforderungs-Belastungs-Konzept konsequent der Abbau hoher Arbeitsintensität angestrebt werden sollte, richten andere Modelle ihr Augenmerk auch auf interagierende Arbeitsmerkmale (Ressourcen) oder andere Einflussfaktoren (bspw. individuelle Merkmale der Beschäftigten) und sehen auch in ihnen wichtige Stellschrauben für die Arbeitsgestaltung bei hoher Arbeitsintensität. Vor diesem Hintergrund werden Modelle lebendig und können durchaus einen großen Einfluss auf den Umgang mit Arbeitsintensität im Betrieb haben.

# 3 Verbreitung von Arbeitsintensität

*Andrea Lohmann-Haislah*

## 3.1 Hintergrund

Im Folgenden werden aktuelle Daten und Trends zur Arbeitsintensität vorgestellt, um die Relevanz dieses Schlüsselfaktors in der betrieblichen Realität zu verdeutlichen. Grundlage dafür ist die BIBB-/BAuA-Erwerbstätigenbefragung. Diese Befragung wird in regelmäßigen Abständen von der Bundesanstalt für Arbeitsschutz und Arbeitsmedizin (BAuA) zusammen mit dem Bundesinstitut für Berufsbildung (BIBB) bei ca. 20000 Personen durchgeführt. Ziel dieser Befragung ist die Beschreibung der sich kontinuierlich verändernden Arbeitswelt. Dabei stehen Fragen zum Arbeitsplatz (Tätigkeitsschwerpunkte, Anforderungsniveau, Kenntnisanforderungen, Arbeitsanforderungen, Weiterbildungsbedarf, Arbeitsbedingungen, Arbeitsbelastungen usw.) und Fragen zur Beanspruchung und zu gesundheitlichen Beschwerden im Fokus.

**Daten und Trends zur Arbeitsintensität aus der BIBB-/BAuA-Erwerbstätigenbefragung**

Vorgestellt werden aktuelle Zahlen zur Verbreitung und Entwicklung der Arbeitsintensität im Zeitraum der Jahre 2006 bis 2018[2]. Darüber hinaus werden auch Auftretenshäufigkeiten von Arbeitsintensität im Alters- und Geschlechtervergleich, ihr Vorkommen bei Führungskräften und Mitarbeiter:innen ohne Führungsverantwortung sowie vergleichende Darstellungen in Bezug auf verschiedene Bildungsstufen und unterschiedliche Berufe gezeigt. Außerdem wird berichtet, inwieweit die Arbeitsintensität von Beschäftigten als subjektiv belastend wahrgenommen wird, wie sich dieses subjektive Belastungsgefühl zwischen 2006 und 2018 entwickelt hat und welche weiteren Arbeitsbedingungsfaktoren mit hoher Arbeitsintensität einhergehen.

## 3.2 Stichprobe

Berichtet werden hier in erster Linie Daten aus der siebten Welle der BIBB-/BAuA-Erwerbstätigenbefragung (Lohmann-Haislah, 2020). Es werden jedoch auch Vergleiche mit den Ergebnissen von 2006 und 2012 angestellt. In die im Jahr 2018 durchgeführte Befragung wurden erwerbstätige Personen ab 15 Jahren mit einer bezahlten Tätigkeit von mindestens zehn Stunden pro Woche einbezogen. Ausländer:innen wurden nur bei hinreichenden Deutschkenntnissen befragt sowie auch mithelfende Familienangehörige und Personen mit maximal dreimonatiger Unterbrechung der Tä-

2 Die BIBB/BAuA-Erwerbstätigenbefragung wird seit 1979 (ursprünglich als BIBB/IAB-Erhebung) ca. alle sechs Jahre durchgeführt. Die nächste Erhebung ist entsprechend im Jahr 2024 geplant (siehe https://www.bibb.de/de/2815.php). Über Besonderheiten im Hinblick auf das „Management psychischer Arbeitsbelastungen während der COVID-19 Pandemie" informiert eine Handreichung des Kompetenznetzes Public Health COVID-19, die unter https://www.public-health-covid19.de/images/2021/Ergebnisse/1_2Handreichung_Management_psychischer_Arbeitsbelastungen_COVID_19_V02_final1.pdf abgerufen werden kann.

tigkeit. Ausgeschlossen wurden ehrenamtlich tätige Personen, genauso wie Personen in einem Beschäftigungsverhältnis im Rahmen der ersten Ausbildung. Insgesamt wurden auf diese Weise 20 012 Erwerbstätige befragt. Die Stichprobe wurde im Anschluss mit Referenzstatistiken aus der Grundgesamtheit der Beschäftigten in Deutschland (Statistisches Bundesamt, 2018) verglichen und in wesentlichen Merkmalen durch Gewichtungen an Mikrozensusdaten angepasst, um Repräsentativität für diese Merkmale zu gewährleisten. Dies erfolgte für die Merkmale Geschlecht, Familienstand, Haushaltsgröße, deutsche/nicht deutsche Staatsangehörigkeit, Alter, Stellung im Beruf, höchster Schulabschluss und Bundesland des Wohnortes sowie West/Ost.

**20 012 Personen wurden befragt**

**In den Analysen wurden 17 852 abhängig Beschäftigte einbezogen**

Von den 20 012 ursprünglich Befragten werden in den folgenden Analysen jedoch nur abhängig Beschäftigte berücksichtigt – Selbstständige, freiberuflich Tätige, freie Mitarbeiter:innen und mithelfende Familienangehörige wurden also bei den Auswertungen ausgeschlossen. Die Stichprobengröße liegt damit bei $n = 17852$ Personen.

**Stichprobenbeschreibung**

Das Durchschnittsalter in der Stichprobe liegt bei knapp 44 Jahren. 53 Prozent der Teilnehmer:innen sind männlich, 47 Prozent weiblich. Eine Führungsposition nehmen 28 Prozent ein. Von diesen Führungskräften sind gut 62 Prozent männlich und 38 Prozent weiblich. Bei den Mitarbeiter:innen ohne Führungsverantwortung ist das Geschlechterverhältnis ausgeglichen. Hinsichtlich des höchsten Ausbildungsabschlusses haben rund 27 Prozent die Hochschulreife (inklusive gehobene und höhere Beamte), gut 8 Prozent eine Aufstiegsfortbildung (Meister, Techniker, Fachwirt u. Ä.) und 56 Prozent eine betriebliche oder schulische Berufsausbildung (einschließlich einfache und mittlere Beamte) angegeben. Ohne Berufsabschluss sind 9 Prozent. Die Verteilung der Berufe kann Tabelle 1 entnommen werden.

## 3.3 Operationalisierung von Arbeitsintensität, subjektiver Belastung und weiterer Arbeitsmerkmale

Die Operationalisierung der Arbeitsintensität folgt der Definition von Trägner (2006; vgl. Abschnitt 2.1) sowie dem Erleben von Arbeitsintensität durch die Beschäftigten, das den Dimensionen von Trägner (2006) entsprechend zugeordnet werden kann (vgl. Abschnitt 2.2). Demnach beschreibt die Arbeitsintensität die Beziehung zwischen den drei Dimensionen Arbeitsquantität, Arbeitsqualität und Arbeitszeit. Für die Analysen werden Daten zur quantitativen Dimension herangezogen. Dabei handelt es sich um vier Variablen aus der BIBB-/BAuA-Erwerbstätigenbefragung (siehe Kasten).

**Operationalisierung „Arbeitsintensität"**

„Ich lese Ihnen nun einige Arbeitsanforderungen vor. Bitte sagen Sie mir zu jedem Punkt, wie häufig dies bei Ihrer Arbeit vorkommt, ob häufig, manchmal, selten oder nie. Wie häufig kommt es bei Ihrer Arbeit vor, dass Sie ...

1. verschiedenartige Arbeiten oder Vorgänge gleichzeitig im Auge behalten müssen (im Folgenden auch Multitasking genannt)?

2. unter starkem Termin- oder Leistungsdruck arbeiten müssen?
3. sehr schnell arbeiten müssen?
4. gestört oder unterbrochen werden, z.B. durch Kollegen, schlechtes Material, Maschinenstörungen oder Telefonate (im Folgenden auch Arbeitsunterbrechungen genannt)?“

(Antwortmöglichkeiten: 1: häufig, 2: manchmal, 3: selten, 4: nie)

**Tabelle 1:** Verteilung der Berufe, abhängig Beschäftigte, Häufigkeit in Prozent

| Berufsgruppen[3] | BIBB/BAuA-Erwerbstätigenbefragung 2018 ($n = 17852$) |
|---|---|
| Verwaltungs- und Büroberufe | 20 % |
| Sozial- und Erziehungsberufe | 14 % |
| Verkehrsberufe | 8 % |
| Gesundheitsberufe | 7 % |
| Warenkaufleute | 7 % |
| Metall- und Maschinenbauberufe | 5 % |
| Techniker | 5 % |
| sonstige Fertigungsberufe, Bergleute, Mineralgewinner | 5 % |
| Bauberufe | 4 % |
| Ingenieure, Chemiker, Physiker, Mathematiker | 4 % |
| Ordnungs- und Sicherheitsberufe | 4 % |
| Dienstleistungskaufleute | 3 % |
| Berufe in der Metallerzeugung, Gießereiberufe | 2 % |
| Elektroberufe | 2 % |
| Ernährungsberufe | 2 % |
| Warenprüfer, Versandfertigmacher | 1 % |

3 Berufe auf Basis der Klassifizierung der Berufe 1992 (KldB 92), wobei jedoch einige Abschnitte aufgrund zu geringer Häufigkeiten zusammengefasst wurden; sonstige Dienstleistungsberufe sowie sonstige Arbeitskräfte, inkl. in Land- und Forstwirtschaft sowie im Gartenbau entfallen, da aufgrund unklarer Profile Auffälligkeiten wenig aussagekräftig sind.

Wenn die Teilnehmer:innen die jeweilige Frage zur Arbeitsintensität mit „häufig" beantwortet hatten, wurde außerdem direkt im Anschluss nach der jeweils daraus resultierenden subjektiven Belastung gefragt (siehe Kasten).

**Operationalisierung „subjektive Belastung"[4]**

„Belastet Sie das?"

(Antwortmöglichkeiten: 1: Ja, 2: Nein)

Des Weiteren wurden Merkmale zur Arbeitszeit, zu weiteren psychischen Anforderungen, zu physischen Anforderungen und zu den zwei zentralen Ressourcen Handlungsspielraum und soziale Unterstützung herangezogen (vgl. zum Ressourcenbegriff und ihrer Rolle bei Arbeitsintensität die Abschnitte 2.3.3 bis 2.3.7), um die Beziehung zwischen der Arbeitsintensität und weiteren Arbeitsbedingungsfaktoren zu analysieren.

**Operationalisierung „Arbeitszeitmerkmale"**

1. „Wie viele Stunden arbeiten Sie normalerweise im Durchschnitt pro Woche in dieser Tätigkeit – einschließlich regelmäßig geleisteter Überstunden, Mehrarbeit, Bereitschaftsdienst usw.?"
   (Antwortmöglichkeit: Angabe in Stunden pro Woche)
2. „Wie häufig gelingt es Ihnen, bei der Arbeitszeitplanung auf Ihre familiären und privaten Interessen Rücksicht zu nehmen?"
   (Antwortmöglichkeiten: 1: häufig, 2: manchmal, 3: selten, 4: nie; im Folgenden *Vereinbarkeitsprobleme* genannt)
3. „Arbeiten Sie normalerweise mindestens einmal im Monat samstags?"
   (Antwortmöglichkeiten: 1: Ja, 2: Nein)
4. „Arbeiten Sie normalerweise mindestens einmal im Monat sonntags?"
   (Antwortmöglichkeiten: 1: Ja, 2: Nein)

4 Der Begriff der Belastung wurde in der Befragung gewählt, weil er umgangssprachlich geläufiger ist. Gemeint ist jedoch gemäß *DIN EN ISO 10075 Ergonomische Grundlagen bezüglich psychischer Arbeitsbelastung* die aus der Belastung (hier Arbeitsintensität) resultierende Beanspruchung.

**Operationalisierung weiterer psychischer Anforderungen**

„Wie oft kommt es vor, dass ...

1. Ihnen eine genaue Stückzahl, eine bestimmte Mindestleistung oder die Zeit vorgeschrieben ist, um eine bestimmte Arbeit zu erledigen? (im Folgenden *Leistungsvorgaben* genannt)
2. Sie bis an die Grenzen Ihrer Leistungsfähigkeit gehen müssen?
3. Sie nicht rechtzeitig über einschneidende Entscheidungen, Veränderungen oder Pläne für die Zukunft informiert werden?
4. Ihre Tätigkeit Sie in Situationen bringt, die Sie gefühlsmäßig belasten?
5. Sie nicht alle notwendigen Informationen erhalten, um Ihre Tätigkeit ordentlich ausführen zu können?“

(Antwortmöglichkeiten: 1: häufig, 2: manchmal, 3: selten, 4: nie)

**Operationalisierung „Ressource Handlungsspielraum“**

„Wie häufig kommt es vor, dass ...

1. Sie Ihre eigene Arbeit selbst planen und einteilen können?
2. sich ein und derselbe Arbeitsgang bis in alle Einzelheiten wiederholt?
3. Sie Einfluss auf die Ihnen zugewiesene Arbeitsmenge haben?“

(Antwortmöglichkeiten: 1: häufig, 2: manchmal, 3: selten, 4: nie)

**Operationalisierung „Ressource soziale Unterstützung“**

1. „Wie häufig kommt es vor, dass Sie sich an Ihrem Arbeitsplatz als Teil einer Gemeinschaft fühlen?“
2. „Wie oft empfinden Sie die Zusammenarbeit zwischen Ihnen und Ihren Arbeitskollegen als gut?“
3. „Wie oft bekommen Sie Hilfe und Unterstützung für Ihre Arbeit von Kollegen, wenn Sie diese brauchen?“
4. „Und wie oft bekommen Sie Hilfe und Unterstützung für Ihre Arbeit von Ihrem direkten Vorgesetzten, wenn Sie diese brauchen?“
5. „Wie oft gibt Ihnen Ihr direkter Vorgesetzter Lob und Anerkennung, wenn Sie gute Arbeit leisten?“

(Antwortmöglichkeiten: 1: häufig, 2: manchmal, 3: selten, 4: nie)

Für die Analysen zu Beschäftigten mit tatsächlichen Arbeitszeiten unter und über 40 Stunden pro Woche (siehe Abschnitt 3.4.3) wurden nur Vollzeitbeschäftigte – hier definiert mit einer wöchentlichen Arbeitszeit von mindestens 35 Stunden – berücksichtigt. Das Vorliegen von Vereinbarkeitsproblemen wurde angenommen, wenn die Frage zum Gelingen der Rücksichtnahme auf familiäre und private Interessen mit „manchmal", „selten" oder „nie" beantwortet wurde. Die Fragen zur Samstags- und Sonntagsarbeit wurde zu *Wochenendarbeit* zusammengefasst.

## 3.4 Ergebnisse

**Statistische Auswertung**

- Für die inferenzstatistische Überprüfung der Frage, ob sich die Prozentwerte über die drei Messzeitpunkte 2006, 2012 und 2018 signifikant[5] verändert haben, wurden Chi-Quadrat-Tests[6] durchgeführt.
- Für die Darstellung der mit Arbeitsintensität einhergehenden Merkmale wurde zunächst der Skalenmittelwert aus den vier Einzelitems der Arbeitsintensität berechnet[7] und anschließend die Stichprobe mittels des sogenannten Mediansplits[8] in annähernd zwei große Teile[9] geteilt.
- Für die inferenzstatistische Überprüfung hinsichtlich der Frage, ob sich Merkmale für die beiden Ausprägungen der Arbeitsintensität unterscheiden, wurden wieder Chi-Quadrat-Tests durchgeführt.

### 3.4.1 Aktueller Stand und Entwicklung der Arbeitsintensität

**Eine hohe Arbeitsintensität ist weit verbreitet**

Die vier ausgewählten Merkmale hoher Arbeitsintensität zeigen in der BIBB-/BAuA-Erwerbstätigenbefragung seit Jahren eine hohe Verbreitung. So berichteten auch im Jahr 2018 60 Prozent der abhängig Beschäftigten davon, häufig verschiedenartige Arbeiten gleichzeitig zu betreuen, 48 Prozent von häufig auftretendem starken Termin- oder Leistungsdruck, 46 Prozent von häufigen Arbeitsunterbrechungen und 34 Prozent davon, häufig sehr schnell arbeiten zu müssen (siehe Abbildung 8).

5 Für die vergleichenden inferenzstatistischen Analysen der drei Messzeitpunkte 2006, 2012 und 2018 wurden die ungewichteten Daten genutzt.

6 Mittels dieses Testverfahrens wird überprüft, ob sich erwartete Häufigkeiten bedeutsam von den tatsächlich beobachteten unterscheiden.

7 Die interne Konsistenz (Cronbachs Alpha) des Skalenmittelwerts als Maß für die Zuverlässigkeit dieser Skala liegt bei $\alpha = .66$

8 Der Median ist der Wert, der genau „in der Mitte" steht, wenn man alle Messwerte der Größe nach sortiert. Der Median teilt einen Datensatz, eine Stichprobe oder eine Verteilung in annähernd zwei gleich große Teile.

9 Die Stichprobe wurde unterteilt in die Gruppen 0 = Arbeitsintensität gering, 1 = Arbeitsintensität hoch.

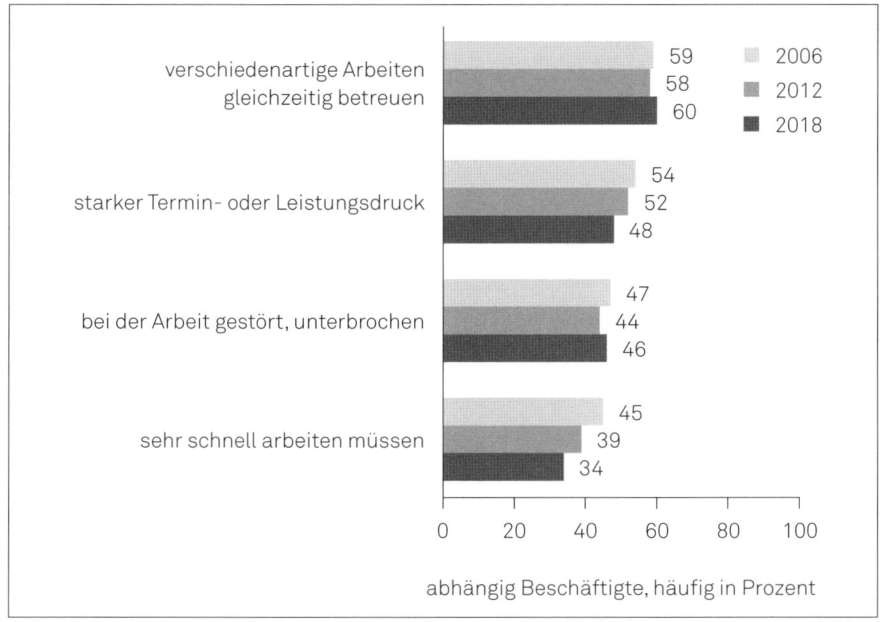


*Anmerkungen:* Alle Ergebnisse sind signifikant mit $p<.001$ im Chi-Quadrat-Test; $n$ (2006) = 17 767; $n$ (2012) = 17 652; $n$ (2018) = 17 852

**Abbildung 8:** Arbeitsintensitätsmerkmale 2006, 2012 und 2018

**Leichte Abnahme der Arbeitsintensität**

Im Vergleich der Daten aus 2018 mit den Ergebnissen aus 2012 sowie aus 2006 ist zwar bei Merkmalen der Arbeitsintensität teilweise ein signifikanter Rückgang zu verzeichnen. Insgesamt ist jedoch festzustellen, dass sich die Leistungsanforderungen im Hinblick auf Arbeitsintensitätsmerkmale weiterhin auf hohem Niveau befinden. Am stärksten – und zwar mit 11 Prozentpunkten – hat sich die Anforderung häufig „sehr schnell arbeiten müssen" verringert, aber auch der häufige „starke Termin- oder Leistungsdruck" hat um 6 Prozentpunkte abgenommen. Die anderen beiden Merkmale der Arbeitsintensität haben sich dagegen nur geringfügig bzw. in keine eindeutige Richtung verändert.

**25- bis 54-Jährige am häufigsten von hoher Arbeitsintensität betroffen**

Von Arbeitsintensitätsmerkmalen betroffen sind am ehesten die mittleren Altersgruppen zwischen 25 und 54 Jahren (siehe Abbildung 9), zumindest gilt dies für das Multitasking, den Termin- oder Leistungsdruck und die Arbeitsunterbrechungen. Häufig sehr schnell arbeiten zu müssen, betrifft hingegen am ehesten die jüngste Altersgruppe bis einschließlich 24 Jahre.

**Hohe Arbeitsintensität ist vor allem für Frauen und Führungskräfte ein Thema**

Arbeitsintensitätsmerkmale betreffen zudem eher Frauen als Männer, denn außer beim Merkmal „starker Termin- oder Leistungsdruck" geben Frauen bei allen Items höhere Prozentwerte an als ihre männlichen Kollegen. Auch Führungskräfte sind von allen Arbeitsintensitätsmerkmalen in höherem Maße betroffen als Mitarbeiter:innen ohne Führungsverantwortung. Insgesamt am häufigsten wird eine hohe Arbeitsintensität von weiblichen Führungskräften angegeben (siehe Tabelle 2).

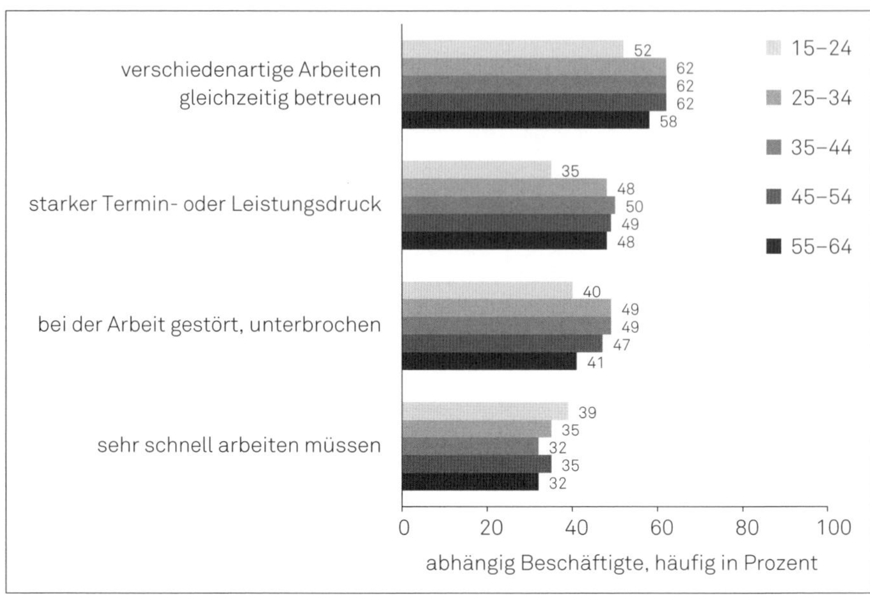


*Anmerkungen: n* (2018) = 17 852

**Abbildung 9:** Arbeitsintensitätsmerkmale nach Alter (BIBB/BAuA-Erwerbstätigenbefragung 2018)

**Tabelle 2:** Arbeitsintensitätsmerkmale nach Geschlecht und Position, abhängig Beschäftigte, Häufigkeit in Prozent (BIBB/BAuA-Erwerbstätigenbefragung 2018)

| | Gesamt | | Führungskraft | | | Mitarbeiter:in | | |
|---|---|---|---|---|---|---|---|---|
| | **m** | **w** | **w** | **w** | **Gesamt** | **m** | **w** | **Gesamt** |
| verschiedenartige Arbeiten gleichzeitig betreuen | 58 | 63 | 74 | 75 | 74 | 50 | 60 | 55 |
| starker Termin- oder Leistungsdruck | 49 | 47 | 59 | 56 | 58 | 43 | 44 | 44 |
| bei der Arbeit gestört, unterbrochen | 44 | 49 | 56 | 60 | 58 | 38 | 45 | 42 |
| sehr schnell arbeiten müssen | 32 | 36 | 38 | 42 | 40 | 29 | 41 | 32 |
| ***n*** | **9 545** | **8 307** | **3 068** | **1 855** | **4 922** | **6 461** | **6 435** | **12 896** |

Bei Betrachtung der Arbeitsintensitätsmerkmale in verschiedenen Berufsbildungsgruppen ist festzustellen, dass Beschäftigte mit einer Aufstiegsfortbildung und Akademiker:innen am stärksten betroffen sind (siehe Tabelle 3).

**Tabelle 3:** Arbeitsintensitätsmerkmale nach höchstem Berufsabschluss, abhängig Beschäftigte, Häufigkeit in Prozent (BIBB/BAuA-Erwerbstätigenbefragung 2018)

| | Ohne Berufsabschluss | Betriebliche, schulische Berufsausbildung/einfache, mittlere Beamte | Aufstiegsfortbildung (Meister, Techniker, Fachwirt u.Ä.) | Fachhochschule, Universität/gehobene, höhere Beamte |
|---|---|---|---|---|
| verschiedenartige Arbeiten gleichzeitig betreuen | 49 | 57 | 66 | 75 |
| starker Termin- oder Leistungsdruck | 42 | 49 | 59 | 56 |
| bei der Arbeit gestört, unterbrochen | 39 | 46 | 58 | 52 |
| sehr schnell arbeiten müssen | 42 | 35 | 34 | 31 |
| ***n*** | **1006** | **7354** | **1236** | **3657** |

Beim Vergleich unterschiedlicher Berufe fallen vor allem die Gesundheitsberufe auf, bei denen sich bei drei von vier Arbeitsintensitätsmerkmalen die höchste Verbreitung zeigt (siehe Tabelle 4). Aber auch die Gruppe der Ingenieure, Chemiker, Physiker, Mathematiker weist bei drei der vier Merkmale sehr hohe Anteile auf, die Verwaltungs- und Büroberufe bei zwei Merkmalen. Darüber hinaus zeigen sich auch in den Gruppen der Warenkaufleute und der Dienstleistungskaufleute sowie bei den Ernährungsberufen mehrere überdurchschnittliche Werte.

**In Gesundheitsberufen ist eine hohe Arbeitsintensität am häufigsten**

## 3.4.2 Subjektives Belastungsgefühl durch Arbeitsintensitätsmerkmale

Die Teilnehmer:innen an der Befragung wurden nicht nur nach der Auftretenshäufigkeit verschiedener Arbeitsintensitätsmerkmale gefragt, sondern auch danach – sofern das Merkmal mit der Kategorie „häufig" beantwortet wurde –, ob sie sich dadurch belastet fühlen (Frage nach der relativen[10] subjektiven Belastung: „Belastet Sie das?" Antwortmöglichkeiten: Ja/Nein).

**Termin- oder Leistungsdruck belastet am stärksten**

10 Nicht zu verwechseln mit dem Prozentsatz zur *absoluten* subjektiven Belastung. Dieser bezöge sich auf alle abhängig beschäftigten Personen.

**Tabelle 4:** Arbeitsintensitätsmerkmale nach Berufen, abhängig Beschäftigte, Häufigkeit in Prozent (BIBB/BAuA-Erwerbstätigenbefragung 2018)

| | **verschiedenartige Arbeiten gleichzeitig betreuen** | **starker Termin- oder Leistungsdruck** | **bei der Arbeit gestört, unterbrochen** | **sehr schnell arbeiten müssen** | ***n*** |
|---|---|---|---|---|---|
| Verwaltungs- und Büroberufe | 68 | 48 | 56 | 30 | 3595 |
| Sozial- und Erziehungsberufe | 74 | 44 | 45 | 25 | 2430 |
| Verkehrsberufe | 46 | 46 | 31 | 36 | 1380 |
| Gesundheitsberufe | 69 | 62 | 59 | 47 | 1253 |
| Warenkaufleute | 64 | 42 | 51 | 45 | 1221 |
| Metall- und Maschinenbauberufe | 45 | 49 | 44 | 30 | 942 |
| Techniker | 62 | 48 | 52 | 22 | 805 |
| sonstige Fertigungsberufe, Bergleute, Mineralgewinner | 52 | 47 | 37 | 42 | 838 |
| Bauberufe | 42 | 51 | 32 | 33 | 639 |
| Ingenieure, Chemiker, Physiker, Mathematiker | 74 | 55 | 53 | 28 | 654 |
| Ordnungs- und Sicherheitsberufe | 56 | 40 | 44 | 26 | 671 |
| Dienstleistungskaufleute | 62 | 53 | 53 | 37 | 584 |
| Berufe in der Metallerzeugung, Gießereiberufe | 50 | 50 | 34 | 35 | 277 |
| Elektroberufe | 43 | 48 | 49 | 26 | 343 |
| Ernährungsberufe | 66 | 50 | 35 | 58 | 432 |
| Warenprüfer, Versandfertigmacher | 35 | 49 | 44 | 47 | 257 |
| **Gesamt** | **60** | **48** | **46** | **34** | **17852** |

Dabei zeigt sich, dass der starke Termin- oder Leistungsdruck am häufigsten belastet (siehe Abbildung 10). Diese Anforderung tritt zwar mit 48 Prozent im Jahr 2018 (siehe Abbildung 8) nicht am häufigsten auf, wird aber von gut 67 Prozent der Betroffenen als belastend erlebt. Es folgen die Arbeitsunterbrechungen, die 60 Prozent der Teilnehmer:innen, die dieses Merkmal mit „häufig" angeben, als belastend einschätzen, und die Anforderung, sehr schnell arbeiten zu müssen, mit 51 Prozent.

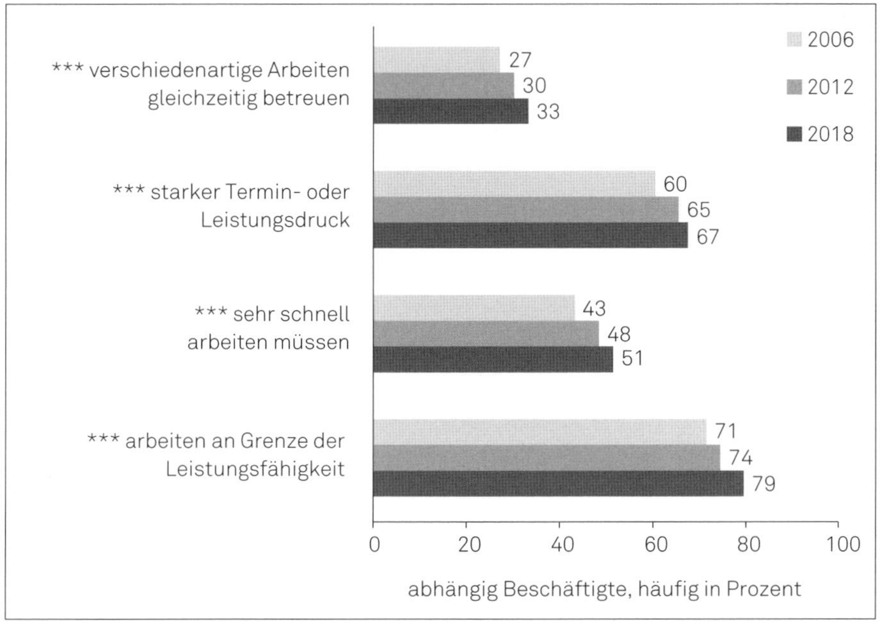


*Anmerkungen:* Mit Ausnahme des Items „bei der Arbeit gestört, unterbrochen" sind alle Ergebnisse signifikant mit $p<.001$ im Chi-Quadrat-Test; $n$ (2006) = 17 767; $n$ (2012) = 17 652; $n$ (2018) = 17 852

**Abbildung 10:** Subjektive Belastung durch Arbeitsintensitätsmerkmale 2006, 2012 und 2018

**Zunahme der Belastung durch Arbeitsintensität**

Im Gegensatz zur rückläufigen Entwicklung bei der Auftretenshäufigkeit der Arbeitsintensitätsmerkmale (siehe Abbildung 8) zeigen sich bei der Entwicklung der daraus resultierenden Belastung im Zeitraum von 2006 bis 2018 fast durchgängig signifikante Zunahmen (siehe Abbildung 10). So stiegen die Werte beim „sehr schnell arbeiten müssen" um 8 Prozentpunkte, beim „starken Termin- oder Leistungsdruck" um 7 Prozentpunkte und bei der „gleichzeitigen Betreuung verschiedenartiger Arbeiten" um 6 Prozentpunkte. Lediglich bei der subjektiven Belastung durch Arbeitsunterbrechungen zeigt sich keine signifikante Veränderung.

### 3.4.3 Mit Arbeitsintensität einhergehende Arbeitsmerkmale

Die Arbeitsintensität wird nicht nur vielfach als subjektiv belastend erlebt, sondern sie geht außerdem noch mit anderen Arbeitsbedingungsfaktoren einher, die eher mit negativen Folgen für die Gesundheit assoziiert sind.

**Arbeitsintensität geht mit langen Arbeitszeiten einher**

So haben Beschäftigte mit hoher Arbeitsintensität längere tatsächliche Arbeitszeiten: Im Schnitt arbeiten Vollzeitbeschäftigte[11] mit hoher Arbeitsintensität 44 Stunden pro Woche, während Vollzeitbeschäftigte mit geringer Arbeitsintensität knapp 42 Stunden wöchentlich arbeiten. Oder anders ausgedrückt: Bei Vollzeitbeschäftigten mit hoher Arbeitsintensität liegt der Anteil derjenigen, die mehr als 40 Stunden pro Woche arbeiten, bei 52 Prozent, bei denen mit geringer Arbeitsintensität bei 38 Prozent (siehe Abbildung 11).

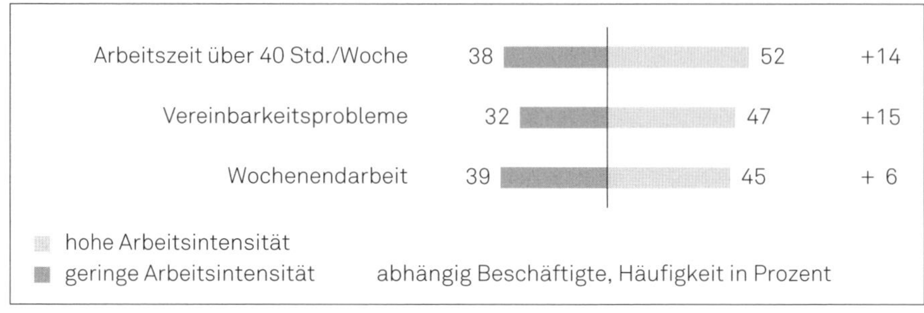


*Anmerkungen:* Alle Ergebnisse sind signifikant mit $p<.001$ im Chi-Quadrat-Test; $n$ (2018) = 17 852; ggf. zahlenmäßige Abweichungen der Differenzen durch Rundung.

**Abbildung 11:** Arbeitsintensität und Arbeitszeitmerkmale (BIBB/BAuA-Erwerbstätigenbefragung 2018)

**Arbeitsintensität hängt mit Wochenendarbeit und Vereinbarkeitsproblemen zusammen**

Darüber hinaus arbeiten abhängig Beschäftigte mit hoher Arbeitsintensität häufiger am Wochenende und können seltener private und berufliche Interessen miteinander vereinbaren als diejenigen mit geringer Arbeitsintensität. Diese erhöhten Werte bei Beschäftigten mit hoher Arbeitsintensität korrespondieren mit Befunden zu den Umgangsweisen (vgl. Abschnitt 6.2).

**Je mehr Arbeitsintensität, desto häufiger sind auch andere psychische Anforderungen**

Außerdem berichtet ein höherer Anteil der Beschäftigten mit hoher Arbeitsintensität über weitere psychische Anforderungen, wie Leistungsvorgaben, das Arbeiten an der Leistungsgrenze und gefühlsmäßige Belastung sowie nicht rechtzeitig verfügbare und fehlende Informationen (siehe Abbildung 12).

**Je mehr Arbeitsintensität, desto höhere physische Anforderungen**

Ebenso sind Beschäftigte mit hoher Arbeitsintensität öfter von physischen Arbeitsanforderungen wie Heben und Tragen schwerer Lasten, Arbeit unter störenden Geräuschen und Arbeiten im Sitzen betroffen, entsprechend seltener vom Arbeiten im Stehen (siehe Abbildung 13).

Bei Merkmalen der Ressource Handlungsspielraum ist das Bild nicht ganz so eindeutig: Zwar ist einem höheren Anteil von Beschäftigten mit hoher Arbeitsintensität die Arbeitsdurchführung vorgeschrieben, und sie verfügen seltener über Einfluss auf die Arbeitsmenge, andererseits können sie ihre Arbeit aber auch häufiger selbst planen und einteilen (siehe Abbildung 14).

11 Als vollzeitbeschäftigt gilt hier, wer mindestens 35 Stunden pro Woche arbeitet.

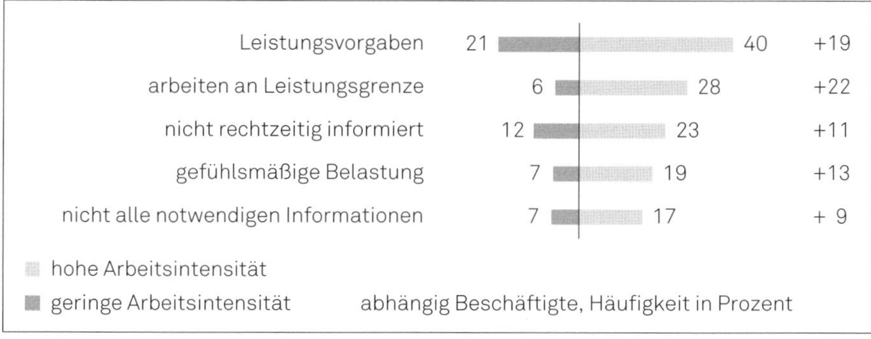


*Anmerkungen:* Alle Ergebnisse sind signifikant mit $p<.001$ im Chi-Quadrat-Test; $n$ (2018) = 17 852; ggf. zahlenmäßige Abweichungen der Differenzen durch Rundung.

**Abbildung 12:** Arbeitsintensität und weitere psychische Anforderungen (BIBB/BAuA-Erwerbstätigenbefragung 2018)

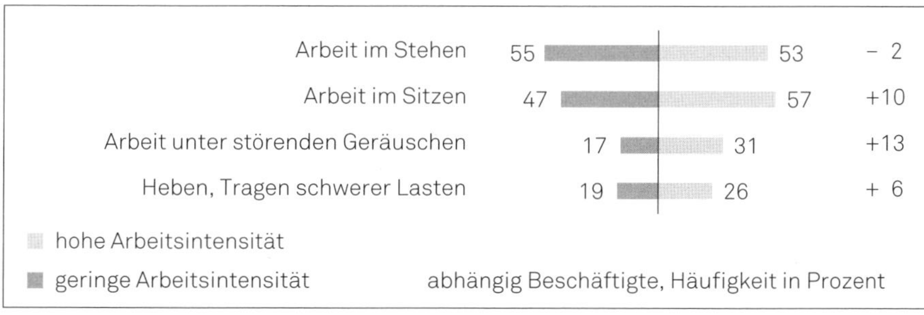


*Anmerkungen:* Alle Ergebnisse sind signifikant mit $p<.001$ im Chi-Quadrat-Test; $n$ (2018) = 17 852; ggf. zahlenmäßige Abweichungen der Differenzen durch Rundung.

**Abbildung 13:** Arbeitsintensität und physische Anforderungen (BIBB/BAuA-Erwerbstätigenbefragung 2018)

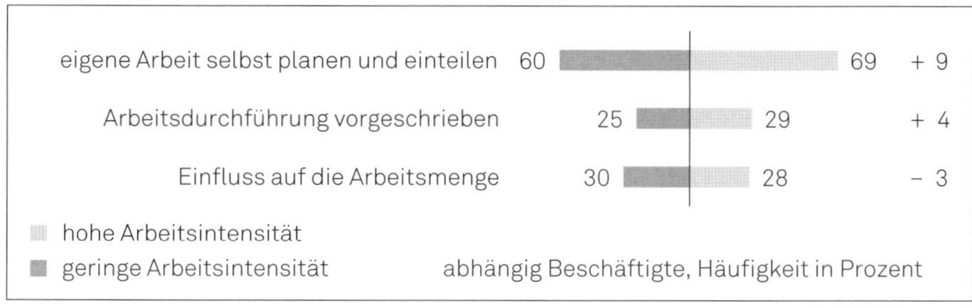


*Anmerkungen:* Die Ergebnisse sind signifikant mit $p<.001$ im Chi-Quadrat-Test bzw. $p<.01$ („Einfluss auf die Arbeitsmenge"); $n$ (2018) = 17 852; ggf. zahlenmäßige Abweichungen der Differenzen durch Rundung.

**Abbildung 14:** Arbeitsintensität und Handlungsspielraum (BIBB/BAuA-Erwerbstätigenbefragung 2018)

**Weniger Ressourcen bei hoher Arbeitsintensität verfügbar**

Durchgängig seltener berichten Beschäftigte mit hoher Arbeitsintensität über soziale Ressourcen wie ein gutes Gemeinschaftsgefühl oder gute Zusammenarbeit. Zudem fällt die soziale Unterstützung geringer aus, sowohl durch Kolleg:innen als auch durch Vorgesetzte. Darüber hinaus erhalten sie weniger Lob und Anerkennung durch Vorgesetzte (siehe Abbildung 15).

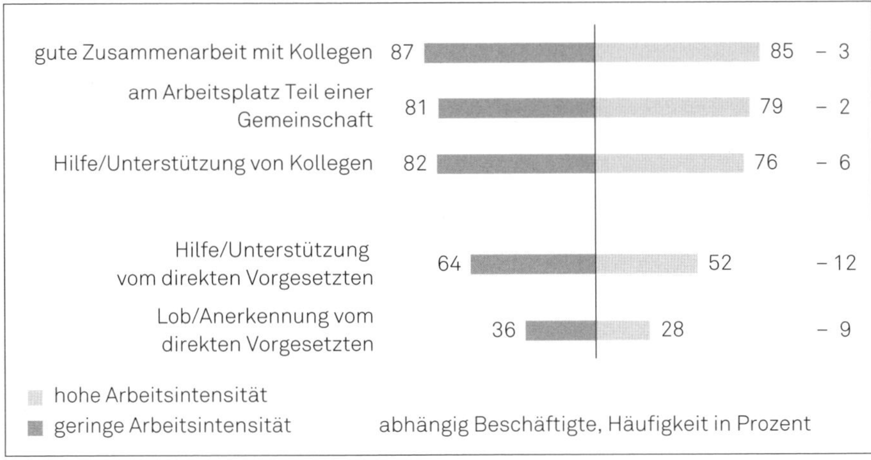


*Anmerkungen:* Alle Ergebnisse sind signifikant mit $p<.001$ im Chi-Quadrat-Test; $n$ (2018) = 17 852; ggf. zahlenmäßige Abweichungen der Differenzen durch Rundung.

**Abbildung 15:** Arbeitsintensität und soziale Unterstützung (BIBB/BAuA-Erwerbstätigenbefragung 2018)

## 3.5 Zusammenfassung

Insgesamt ist festzustellen, dass sich die Auftretenshäufigkeit von Arbeitsintensitätsmerkmalen im hier betrachteten Zeitraum von 2006 bis 2018 zwar etwas verringert hat, sich aber dennoch weiterhin auf hohem Niveau befindet. Zudem hat die daraus resultierende subjektive Belastung bei den Beschäftigten zugenommen. Außerdem geht Arbeitsintensität vielfach mit weiteren für die Gesundheit eher ungünstigen Arbeitsanforderungen sowie geringeren Ressourcen einher. Beschäftigte in Gesundheitsberufen sind am häufigsten von einer hohen Arbeitsintensität betroffen.

# 4 Folgen von Arbeitsintensität

In diesem Kapitel werden mögliche Folgen einer (zu) hohen Arbeitsintensität beleuchtet. Dies geschieht aus drei verschiedenen Perspektiven und vor dem Hintergrund unterschiedlicher, voneinander unabhängiger Datenquellen. Im folgenden Abschnitt 4.1 werden gesundheitliche und motivationale Folgen hoher Arbeitsintensität auf Basis einer Überblicksarbeit betrachtet, für die insgesamt 294 wissenschaftliche Studien gesichtet und im Überblick ausgewertet wurden (Stab, Jahn & Schulz-Dadaczynski, 2016). In Abschnitt 4.2 werden noch einmal Daten aus der bereits in Kapitel 3 ausführlich vorgestellten BiBB/BAuA-Erwerbstätigenbefragung herangezogen, um Arbeitsintensität und Beanspruchung sowie gesundheitliche Beschwerden zu beleuchten (Lohmann-Haislah, 2020). In Abschnitt 4.3 erfolgt die Betrachtung möglicher Folgen schließlich auf der Basis qualitativer Daten, die in zwei verschiedenen Forschungsprojekten durch Interviews mit Beschäftigten gewonnen wurden (Dunkel & Kratzer, 2016; Handrich, Koch-Falkenberg & Voß, 2016; Schulz-Dadaczynski & Janetzke, 2020).

## 4.1 Arbeitsintensität und gesundheitliche sowie motivationale Folgen: Ein Blick auf die Studienlage

*Nicole Stab*

In aktuellen sozial- und arbeitswissenschaftlichen Studien findet der Begriff Arbeitsintensität keine Verwendung. Es gibt dort vielmehr unterschiedliche Begriffe und Konzepte (siehe Abschnitt 2.3), die mehr oder weniger stark mit den Kerndimensionen von Arbeitsintensität (Zeit, Menge und Qualität/Beschaffenheit der Arbeit) in Verbindung gebracht werden können.

**In der wissenschaftlichen Forschung werden die Kerndimensionen von Arbeitsintensität betrachtet**

Im Rahmen des Projektes „Psychische Gesundheit in der Arbeitswelt“ wurde die Studienlage zum Thema Arbeitsintensität und möglichen gesundheitlichen und motivationalen Folgen gesichtet und zusammengefasst (siehe Kasten). Um einen Blick auf Arbeitsbedingungen zu erhalten, die den Gegebenheiten in der modernen Arbeitswelt entsprechen, wurden nur Studien von 2004 bis 2014 einbezogen. Zudem wurden ausschließlich Studien über Dienstleistungstätigkeiten berücksichtigt und Industriearbeit vernachlässigt. Die Recherche erfolgte in wissenschaftlichen Datenbanken und ergab eine letztendliche Studienzahl von 294 Studien, in denen Arbeitsintensität anhand der Kerndimensionen Zeit, Menge oder Qualität/Beschaffenheit der Arbeit untersucht wurde.

**Überblick über die betrachteten Zusammenhänge mit Arbeitsintensität (Stab & Schulz-Dadaczynski, 2017, S. 16)**

- *Positive Aspekte mentaler Gesundheit*: Dieser Kategorie wurden positive globale Befindenskonstrukte zugeordnet, wie zum Beispiel Wohlbefinden oder Lebenszufriedenheit, aber auch positive arbeitsplatzspezifische Konstrukte, wie arbeitsbezogenes Wohlbefinden, Arbeitszufriedenheit oder subjektive Leistungsfähigkeit.
- *Negative Aspekte mentaler Gesundheit*: Dazu zählen negative Befindenskonzepte wie die Burnout-Komponenten emotionale Erschöpfung und Zynismus/Depersonalisation. Diese Kategorie umfasst zudem verschiedene Symptome, die mit Ärger, Nervosität, Angst, Depressivität und Frustration verbunden sind.
- *Leistung*: Darunter werden verschiedene Parameter wie die Anzahl von Fehlern, der Anteil korrekt bearbeiteter Aufgaben (Genauigkeit) und auf das Arbeitsergebnis bezogene Qualitätskriterien (z. B. Qualität der Information) subsumiert. Ebenfalls dieser Kategorie zugeordnet wurden sicherheitsgefährdende Ereignisse, wie z. B. Unfälle.
- *Beschwerden*: Diese Kategorie beinhaltet verschiedene physische und psychosomatische Beeinträchtigungen, wie bspw. Einschätzungen zum allgemeinen gesundheitlichen Befinden, Schlafbeschwerden und Angaben zur Arbeitsfähigkeit.
- *Muskel-Skelett-Erkrankungen*: Dieser Kategorie wurden sowohl muskuloskelettale Symptome, u. a. im Nacken-/Schulterbereich, im Hand-/Armbereich, im unteren und oberen Rücken sowie in den Extremitäten, als auch arbeitsbezogene muskuloskelettale Beschwerden zugeordnet.
- *Motivation*: Diese Kategorie umfasst Konstrukte, die eine arbeitsbezogene Handlungsbereitschaft beinhalten, wie zum Beispiel Engagement, die drei Engagement-Komponenten Enthusiasmus, Flow und Commitment, sowie die Absicht, den Arbeitsplatz zu verlassen („turnover intention“).

### 4.1.1 Wie wird Arbeitsintensität gemessen?

**Arbeitsintensität hauptsächlich im Rahmen von Befragungsstudien untersucht**

Im Großteil der gefundenen Studien (über 90 Prozent) wurde Arbeitsintensität im Rahmen von Befragungen untersucht. Dabei wurden die Beschäftigten gebeten, anhand einer oder mehreren Fragen die Intensität ihrer Arbeit einzuschätzen. Die Antwortoptionen sind standardisiert und enthalten das gesamte Spektrum der Einstellungen zum Thema.

Die in den Studien gefundenen Skalen sind inhaltlich sehr durchmischt und enthalten Fragen zur Menge, Arbeitszeit, Arbeitsgeschwindigkeit, Beschaffenheit der Arbeit und Qualität sowie auch unspezifische, eher globale Fragen zur Arbeitsintensität. Einige Beispiele sind in Tabelle 5 aufgelistet.

Aufgrund der Heterogenität der Skalen konnten nur zwei Kerndimensionen von Arbeitsintensität isoliert voneinander ausgewertet werden: Menge/Zeit und Qualität/

**Tabelle 5:** Beispielfragen zu den unterschiedlichen Dimensionen von Arbeitsintensität

| Dimension | Beispielfrage |
|---|---|
| Menge | Haben Sie zu viel zu tun? |
| Zeit | Arbeiten Sie unter Zeitdruck? |
| Menge/Zeit | Weil ich viele Dinge zu tun habe, habe ich immer das Gefühl, unter Zeitdruck zu stehen. |
| Geschwindigkeit | Wie oft müssen Sie bei Ihrer Arbeit sehr schnell arbeiten? |
| Beschaffenheit der Arbeit | Müssen Sie bei der Arbeit ein hohes Maß an Konzentration und Präzision an den Tag legen? |
| Qualität | Die Leistungsanforderungen in meinem Job sind zu hoch. |
| Unspezifisch/global | Wie oft verlangt Ihr Job von Ihnen, sehr hart zu arbeiten? |

Beschaffenheit der Arbeit. Skalen zur Arbeitsmenge enthielten immer auch Fragen zur Arbeitszeit. Darüber hinaus gab es auch Fragen, die beide Komponenten gleichzeitig enthielten, sodass eine gemeinsame Dimension Menge/Zeit für die Auswertung der Studien gebildet wurde.

**Zwei Kerndimensionen von Arbeitsintensität auswertbar: Menge/Zeit und Qualität/Beschaffenheit der Arbeit**

In zehn Studien wurde Arbeitsintensität über alternative, nicht befragungsbasierte Methoden ermittelt. Dabei handelte es sich häufig um experimentelle Laborstudien, wobei Arbeitsintensität über die Bearbeitungsdauer oder die Anzahl von zu bearbeitenden Aufgaben gemessen wurde. Zwei Studien fanden im Krankenhaussetting statt und erfassten Arbeitsintensität über die durchgeführten Tätigkeiten am Patienten und über die Belegung der Station.

### 4.1.2 Gibt es Zusammenhänge mit gesundheitlichen und motivationalen Folgen?

Die in den Studien dargestellten Zusammenhänge mit gesundheitlichen und motivationalen Parametern (siehe den Kasten auf S. 48) konnten für zwei Kerndimensionen von Arbeitsintensität, Menge/Zeit (nachfolgend als *quantitative Anforderungen* bezeichnet) sowie Qualität/Beschaffenheit der Arbeit (nachfolgend als *qualitative Anforderungen* bezeichnet) ausgewertet werden. In den meisten Studien wurden quantitative Anforderungen betrachtet.

Es wurden Längs- und Querschnittstudien betrachtet, die ausgewerteten Studien waren aber zum größten Teil Querschnittstudien. Längsschnittstudien sind aussagekräftiger als Querschnittstudien, da sie Rückschlüsse auf zeitliche Zusammenhänge von Merkmalen erlauben. Daher können Längsschnittstudien erste Hinweise darauf geben, ob eine Variable eine andere bedingen kann, also zum Beispiel ob eine hohe Arbeitsintensität Schlafstörungen nach sich zieht. Im Rahmen von Querschnittstudien kann lediglich davon ausgegangen werden, dass beides zum gleichen Zeitpunkt vorlag.

Nachfolgend werden die Ergebnisse zunächst für quantitative Anforderungen und mögliche Folgen betrachtet, anschließend folgen die Ergebnisse für qualitative Anforderungen.

#### 4.1.2.1 Quantitative Anforderungen: Gesundheitliche und motivationale Zusammenhänge mit der Dimension „Menge/Zeit"

**Darstellung der gesundheitlichen und motivationalen Zusammenhänge mit den Facetten von Arbeitsintensität**

*Positive Aspekte mentaler Gesundheit.* Als gesichert erscheinen Zusammenhänge zwischen Arbeitsintensität und Anstrengung sowie Arbeitszufriedenheit, da diese in Quer- und Längsschnittstudien nachweisbar sind. Dabei gehen höhere quantitative Anforderungen mit mehr Anstrengung und weniger Arbeitszufriedenheit einher. Zusammenhänge von quantitativen Anforderungen und Wohlbefinden finden sich nur in Querschnittstudien, dabei sind hohe quantitative Anforderungen mit einem niedrigen Wohlbefinden korreliert. In Längsschnittstudien wurden Zusammenhänge mit dem Wohlbefinden nicht betrachtet, was eine abschließende Bewertung erschwert. Auch Aussagen zu Zusammenhängen mit weiteren positiven Aspekten mentaler Gesundheit, wie Erholung, Lebensqualität, positiver Lebenseinstellung und Freude, sind aufgrund weniger Querschnittstudien und fehlender Längsschnittstudien nicht möglich.

Werden alle Studien zusammengefasst und im Rahmen einer Metaanalyse statistisch ausgewertet (siehe Tabelle 6), so lässt sich in Querschnittstudien ein negativer Zusammenhang mit kleiner Effektstärke von quantitativen Anforderungen und positiven Aspekten mentaler Gesundheit finden; in Längsschnittstudien kann kein Zusammenhang ermittelt werden. Die Effektstärke deutet auf die Stärke oder auch praktische Relevanz des Zusammenhangs hin. Unterteilt wird in „kein Effekt", „kleiner", „mittlerer" oder „großer Effekt".

*Negative Aspekte mentaler Gesundheit.* In Untersuchungen mit verschiedenen Studiendesigns zeigt sich, dass hohe quantitative Anforderungen mit Ermüdung, geringem psychischen Wohlbefinden und emotionaler Erschöpfung einhergehen. Zudem korrelieren hohe quantitative Anforderungen mit Zynismus, einer Komponente von Burnout, Ängstlichkeit/Neurotizismus sowie Depression und Angst. Aufgrund einer unzureichenden Studienlage kann keine Bewertung für Zusammenhänge mit Anspannung, Frustration, Nervosität und Stress vorgenommen werden.

Im Rahmen einer metaanalytischen Auswertung, die alle Studien zusammenfasst, zeigt sich in Querschnittstudien ein positiver Zusammenhang mit mittlerer Effektstärke und in Längsschnittstudien ein positiver Zusammenhang mit kleiner Effektstärke von quantitativen Anforderungen und negativen Aspekten mentaler Gesundheit (siehe Tabelle 6).

*Leistung.* Leistung wird in den Studien sehr unterschiedlich erfasst. Zudem gibt es sehr wenige Längsschnittstudien zum Thema. Die Ergebnisse deuten darauf hin, dass Zusammenhänge zwischen hohen quantitativen Anforderungen und einer geringen Ergebnisqualität, Fehlern, einer Gefährdung der Sicherheit sowie auch einer geringen

**Tabelle 6:** Überblick über die metaanalytische Auswertung der Zusammenhänge[12]

| | **Hohe quantitative Anforderungen** (wenig Zeit bei einer gleichzeitig hohen zu bewältigenden Arbeitsmenge) | | **Hohe qualitative Anforderungen** (komplexe Arbeitsschritte mit hohen kognitiven Anforderungen) | |
|---|---|---|---|---|
| | **Querschnitt-studien** | **Längsschnitt-studien** | **Querschnitt-studien** | **Längsschnitt-studien** |
| Positive Aspekte mentaler Gesundheit | – | ? | ? | ? |
| Negative Aspekte mentaler Gesundheit | + | + | + | ? |
| Leistung | – | ? | – | ? |
| Beschwerden | + | ? | + | ? |
| Muskel-Skelett-Erkrankungen | + | ? | ? | ? |
| Motivation | – | – | ? | ? |

*Anmerkungen:* + = positiver Zusammenhang, d.h. hohe Anforderungen gehen mit einer hohen Ausprägung des jeweiligen Parameters einher; – = negativer Zusammenhang, d.h. hohe Anforderungen gehen mit einer niedrigen Ausprägung des jeweiligen Parameters einher; ? = zu wenig Studien vorliegend.

selbst eingeschätzten Leistung bestehen. Da nur die selbst eingeschätzte Leistung in mehreren Studien mit unterschiedlichem Design betrachtet wurde, kann ausschließlich dieser Zusammenhang als gesichert bewertet werden.

Im Rahmen der metaanalytischen Auswertung kann in Querschnittstudien ein negativer Zusammenhang mit kleiner Effektstärke von quantitativen Anforderungen und Leistung ermittelt werden; in Längsschnittstudien kann kein Zusammenhang gefunden werden (siehe Tabelle 6).

*Beschwerden.* In Quer- und Längsschnittstudien zeigt sich, dass hohe quantitative Anforderungen mit Schlafstörungen, somatischen und psychosomatischen Beschwerden sowie einem hohen Erholungsbedürfnis einhergehen. Ähnliche Ergebnisse sind für den Zusammenhang von quantitativen Anforderungen und Krankheitsabwesenheit zu finden. Mögliche Zusammenhänge mit Arbeitsfähigkeit oder

12 Bei den metaanalytisch zusammengefassten Zusammenhängen handelt es sich um mittlere nach Stichprobenumfängen und Reliabilitätsmaßen gewichtete Zusammenhänge.

auch anderen Beschwerden können aufgrund nur weniger vorliegender Studien nicht bewertet werden.

In der metaanalytischen Auswertung kann nur ein positiver Zusammenhang mit mittlerer Effektstärke bei Querschnittstudien und kein Zusammenhang bei Längsschnittstudien gefunden werden (siehe Tabelle 6).

*Muskel-Skelett-Erkrankungen.* Es können nur wenige Studien gefunden werden, die den Zusammenhang von quantitativen Anforderungen und Muskel-Skelett-Erkrankungen betrachten. Jedoch kann in den wenigen Studien überwiegend ermittelt werden, dass hohe quantitative Anforderungen mit Muskel-Skelett-Symptomen, wie allgemeinen muskuloskelettalen Beschwerden, Nacken- und Schulterbeschwerden sowie Beschwerden im unteren Rücken als auch in den oberen und unteren Extremitäten einhergehen.

In der Metaanalyse kann bei Querschnittstudien ein positiver Durchschnittseffekt mit mittlerer Effektstärke gefunden werden; bei Längsschnittstudien kann kein Effekt ermittelt werden (siehe Tabelle 6).

*Motivation.* Die Zusammenhänge von quantitativen Anforderungen und Motivation sind in den Studien sehr unterschiedlich ausgeprägt. Werden alle Studien zusammengefasst und metaanalytisch ausgewertet, so zeigt sich, dass hohe quantitative Anforderungen mit niedriger Motivation einhergehen. Sowohl in Längs- als auch in Querschnittstudien ist ein kleiner Effekt zu finden (siehe Tabelle 6).

#### 4.1.2.2 Qualitative Anforderungen: Gesundheitliche und motivationale Zusammenhänge mit der Dimension „Qualität/Beschaffenheit der Arbeit"

Es gibt nur wenige Studien, die Zusammenhänge mit qualitativen Anforderungen betrachten. Hauptsächlich sind Querschnittstudien zu finden, was – wie zu Beginn dieses Abschnitts erläutert – die Bewertung der Zusammenhänge erschwert.

Im Rahmen der metaanalytischen Auswertung kann für Querschnittstudien gefunden werden, dass hohe qualitative Anforderungen mit negativen Aspekten mentaler Gesundheit, wie hoher emotionaler Erschöpfung und Depressivität, einer geringeren Leistung und psychosomatischen Beschwerden einhergehen. Hierbei handelt es sich jeweils um kleine Effekte (siehe Tabelle 6).

#### 4.1.2.3 Alternative Messung von Arbeitsintensität: Laborstudien versus Feldstudien

Arbeitsintensität wird in experimentellen Laborstudien häufig über die Bearbeitungsdauer oder die Anzahl der zu bearbeitenden Aufgaben gemessen. Die in diesen Studien ermittelten Effekte sind meist stärker ausgeprägt als in Feldstudien, da im Labor „nahezu alles" (vor allem die Umgebungsbedingungen, wie bspw. Störungen und Unterbrechungen sowie informelle Kontakte mit Kolleg:innen o.Ä.) kontrolliert werden kann. Das ist auch bei den vorliegenden Studien der Fall.

Beispielhaft soll hier im Kontext einer alternativen Messung von Arbeitsintensität auf zwei Feldstudien hingewiesen werden, die im Krankenhaus durchgeführt worden sind. Hier wurde Arbeitsintensität anhand der Belegung der Station und anhand von Tätigkeiten, die im Rahmen der Pflege verrichtet wurden, erfasst. In diesen beiden Studien werden etwas schwächere Effekte berichtet als in den Befragungsstudien.

### 4.1.3 Zusammenfassung

Welche Aussagen zu Arbeitsintensität lassen sich aus den Ergebnissen ableiten? Zunächst lässt sich aus der Sichtung der Studien feststellen, dass in der sozial- und arbeitswissenschaftlichen Forschung vergleichbare Begriffe oder Konzepte verwendet werden, aber Arbeitsintensität bzw. dessen Kerndimensionen auf den ersten Blick oft gar nicht enthalten waren. Um das herauszufinden, bedurfte es einer intensiven Prüfung der Fragen, aus denen sich die in den Studien verwendeten Skalen zusammensetzen. Das unterstreicht einmal mehr den Satz, der am Anfang dieses Abschnitts verwendet wurde: „In aktuellen sozial- und arbeitswissenschaftlichen Studien findet der Begriff Arbeitsintensität keine Verwendung" und verdeutlicht den Forschungsbedarf. Nur, wenn Arbeitsintensität begrifflich sowie konzeptuell definiert und trennscharf zu anderen Konzepten abgegrenzt wird, können für den betrieblichen Alltag belastbare Befunde abgeleitet und darüber hinaus Arbeitsintensität auch gestaltet werden.

Die in den Studien gefundenen Zusammenhänge basieren zumeist auf Selbstauskünften der Beschäftigten in Querschnittstudien. Das bedeutet, dass die Beschäftigten zum einen Aussagen zur erlebten Intensität ihrer Arbeit getroffen haben, und zum anderen zeitgleich ausgesagt haben, wie sie sich fühlen, ob sie unter Schmerzen oder anderen Beeinträchtigungen leiden. Da die Befragten beides einschätzen, sowohl die Belastung bei ihrer Arbeit als auch die eigene Beanspruchung, kann von einer Verzerrung der Messergebnisse (engl. „common-method bias") ausgegangen werden. Die Zusammenhänge könnten dementsprechend in den Studien bedeutender erscheinen, als sie es tatsächlich sind.

Hinzu kommt, dass die Fragen, die den Beschäftigten zu ihrer erlebten Arbeitsintensität gestellt werden, häufig schon affektbezogen formuliert sind. Das bedeutet, dass in Fragen wie bspw. „Müssen Sie zu schnell arbeiten?", „Haben Sie zu viel Menge an Arbeit zu verrichten?" oder „Müssen Sie unter zu hohem Zeitdruck arbeiten?" bereits „ein Element der subjektiven Wahrnehmung von Stress" (Rau & Göllner, 2018, S. 152) enthalten ist. Hierbei wird folglich nicht mehr der Zusammenhang von einer Belastung und einer Beanspruchung, sondern der Zusammenhang einer Beanspruchung mit einer Beanspruchung gemessen, was zu einer zusätzlichen Überschätzung der Zusammenhänge führt.

Trotzdem deuten die Ergebnisse vor allem aus den Längsschnittstudien, aber auch aus den Studien, in denen Arbeitsintensität nicht befragungsbasiert ermittelt wurde, darauf hin, dass es Zusammenhänge mit gesundheitlichen und motivationalen Folgen gibt. Zusammengefasst kann ausgesagt werden, dass zumindest hohe quantitative Anforderungen die Gesundheit und Motivation der Beschäftigten dauerhaft beeinträchtigen. Hier gibt es Forschungsbedarf, der für die betriebliche Praxis höchst relevant ist: zum einen die saubere Erfassung von Arbeitsintensität bzw. ihrer Kerndimensionen, und diese nicht nur anhand von Befragungsinstrumenten, sondern auch alternativ über Beobachtungen oder anhand von betrieblichen Dokumenten und Controlling-Daten. Zum anderen ist auch die Kenntnis für betriebliche Akteure wichtig, wie sich hohe quantitative und qualitative Anforderungen im Zusammenspiel auf Beschäftigte auswirken. Hierzu gibt es noch keine belastbaren Forschungsergebnisse.

**Arbeitsintensität ist ein wichtiger betrieblicher Faktor, den es zu gestalten gilt**

Es wird also deutlich, dass aus den Ergebnissen zwar abgeleitet werden kann, dass Arbeitsintensität ein wichtiger betrieblicher Faktor ist, der sich auf Beschäftigte negativ auswirken kann und den es zu gestalten gilt. Für die Gestaltung von Arbeitsintensität kann aber aus den Ergebnissen aufgrund methodischer Schwächen der in diesem Abschnitt betrachteten Studien kaum fundiertes Wissen abgeleitet werden. Hier besteht weiterhin Forschungsbedarf (siehe auch das Fazit in Abschnitt 6.1.3.3).

## 4.2 Arbeitsintensität, Beanspruchung und gesundheitliche Beschwerden auf Basis der BiBB/BAuA-Erwerbstätigenbefragung

*Andrea Lohmann-Haislah*

### 4.2.1 Hintergrund und Stichprobe

Auf der Basis von Daten aus der BIBB/BAuA-Erwerbstätigenbefragung 2018, die bereits im Kapitel 3 vorgestellt wurde, soll im Folgenden gezeigt werden, wie sich Beschäftigte mit hoher bzw. niedriger Arbeitsintensität im Hinblick auf fachliche und mengenmäßige Überforderung, das Abschalten-Können von der Arbeit sowie verschiedene gesundheitliche Beschwerden unterscheiden. Die Beschreibung der Stichprobe kann Kapitel 3 entnommen werden.

### 4.2.2 Operationalisierung von Arbeitsintensität, Beanspruchung und gesundheitlichen Beschwerden

Wie bereits für die Analysen im Kapitel 3, wurde auch hier für die Darstellung der Arbeitsintensität der Skalenmittelwert aus den vier Einzelitems der Arbeitsintensität (siehe Kasten Operationalisierung „Arbeitsintensität" auf S. 34) gebildet und anschließend die Stichprobe mittels eines Mediansplits in zwei annähernd große Teile geteilt, um Personen mit hoher und niedriger Arbeitsintensität zu unterscheiden.

Die Beanspruchung wird im Folgenden auf der Grundlage von drei Items ausgewertet (siehe Kasten).

**Operationalisierung „Beanspruchung“**

1. „Fühlen Sie sich in Ihrer Tätigkeit als ... den Anforderungen an Ihre fachlichen Kenntnisse und Fertigkeiten in der Regel gewachsen, eher überfordert oder eher unterfordert?“ (Antwortmöglichkeiten: 1: in der Regel den Anforderungen gewachsen, 2: eher überfordert, 3: eher unterfordert)
2. „Und fühlen Sie sich den Anforderungen durch die Arbeitsmenge bzw. das Arbeitspensum in der Regel gewachsen, eher überfordert oder eher unterfordert?“ (Antwortmöglichkeiten: 1: in der Regel den Anforderungen gewachsen, 2: eher überfordert, 3: eher unterfordert)
3. „Wie häufig kommt es bei Ihrer Arbeit vor, dass es Ihnen schwerfällt, nach der Arbeit abzuschalten?“ (Antwortmöglichkeiten: 1: häufig, 2: manchmal, 3: selten, 4: nie)

Die gesundheitlichen Beschwerden wurden anhand einer Liste von 22 Symptomen abgefragt (siehe Kasten).

**Operationalisierung „gesundheitliche Beschwerden“**

„Sagen Sie mir bitte, ob die folgenden gesundheitlichen Beschwerden bei Ihnen in den letzten 12 Monaten während der Arbeit bzw. an Arbeitstagen aufgetreten sind. Uns interessieren die Beschwerden, die häufig vorkamen.“

1. Schmerzen im unteren Rücken, Kreuzschmerzen
2. Schmerzen im Nacken-/Schulterbereich
3. Schmerzen in den Armen
4. Schmerzen in den Händen
5. Schmerzen in der Hüfte
6. Schmerzen in den Knien
7. Geschwollene Beine
8. Schmerzen in den Beinen, Füßen
9. Kopfschmerzen
10. Herzschmerzen, Stiche, Schmerzen oder Engegefühl in der Brust

„Und sind in den letzten 12 Monaten während der Arbeit bzw. an Arbeitstagen folgende Beschwerden bei Ihnen häufig aufgetreten?“

11. Atemnot
12. Hautreizungen, Juckreiz
13. Nächtliche Schlafstörungen
14. Allgemeine Müdigkeit, Mattigkeit oder Erschöpfung
15. Magen- oder Verdauungsbeschwerden
16. Hörverschlechterung, Ohrgeräusche
17. Nervosität oder Reizbarkeit
18. Niedergeschlagenheit
19. Schwindelgefühl
20. Körperliche Erschöpfung
21. Emotionale Erschöpfung
22. Andere Beschwerden

Diese Symptomliste wird in der nachfolgenden Ergebnisdarstellung in drei Gruppen unterteilt: (1) Psychosomatische Beschwerden (2) Muskuloskelettale Beschwerden (3) sonstige Beschwerden.

Darüber hinaus wurde mit einer Frage nach dem subjektiven Gesundheitszustand gefragt (siehe Kasten).

**Operationalisierung „subjektiver Gesundheitszustand"**

„Wie würden Sie Ihren allgemeinen Gesundheitszustand beschreiben?"

(Antwortmöglichkeiten: 1: ausgezeichnet, 2: sehr gut, 3: gut, 4: weniger gut, 5: schlecht)

### 4.2.3 Ergebnisse

**Je mehr Arbeitsintensität, desto mehr Überforderung und Nicht-Abschalten-Können**

In Bezug auf Beanspruchungsindikatoren zeigt sich in Chi-Quadrat-Tests, dass Beschäftigte mit hoher Arbeitsintensität in weitaus stärkerem Maße mengenmäßige und fachliche Überforderung sowie ein Nicht-Abschalten-Können von der Arbeit angeben. So berichten bspw. 13 Prozent der Beschäftigten in der Gruppe mit niedriger Arbeitsintensität von mengenmäßiger Überforderung. Dies sind 23 Prozent weniger als in der Beschäftigtengruppe mit hoher Arbeitsintensität, wo dies 36 Prozent schildern (siehe Abbildung 16).

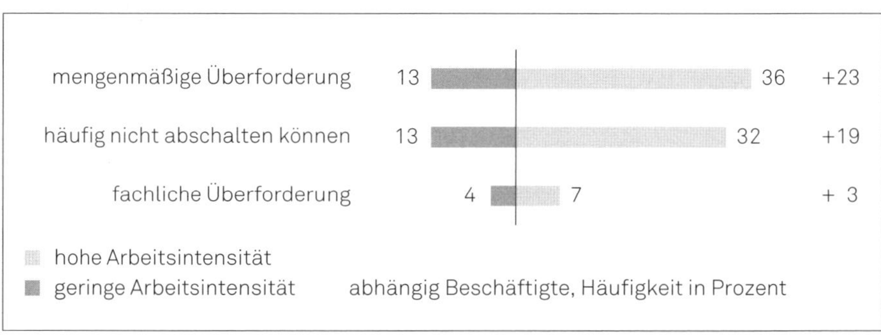


*Anmerkungen:* Alle Ergebnisse sind signifikant mit $p < .001$ im Chi-Quadrat-Test; $n$ (2018) = 17 852; ggf. zahlenmäßige Abweichungen der Differenzen durch Rundung.

**Abbildung 16:** Arbeitsintensität und Beanspruchung (BIBB/BAuA-Erwerbstätigenbefragung 2018)

**Je mehr Arbeitsintensität, desto häufiger gesundheitliche Beschwerden**

Im Hinblick auf gesundheitliche Beschwerden geben zudem Beschäftigte mit hoher Arbeitsintensität mehr psychosomatische Beschwerden an als Beschäftigte mit geringer Arbeitsintensität. So berichten sie im Vergleich in höherem Maße über Müdigkeit, körperliche und emotionale Erschöpfung, nächtliche Schlafstörungen, Nervosität und Reizbarkeit sowie Niedergeschlagenheit (siehe Abbildung 17).

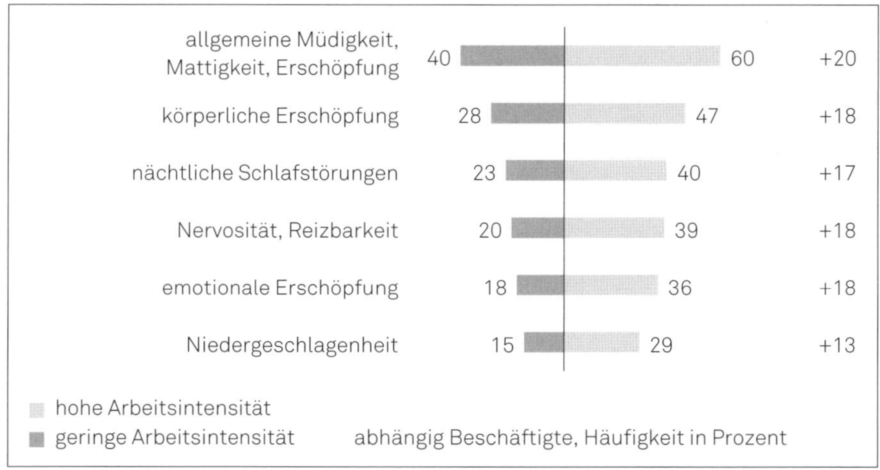


*Anmerkungen:* Alle Ergebnisse sind signifikant mit $p<.001$ im Chi-Quadrat-Test; $n$ (2018) = 17 852; ggf. zahlenmäßige Abweichungen der Differenzen durch Rundung.

**Abbildung 17:** Arbeitsintensität und psychosomatische Beschwerden (BIBB/BAuA-Erwerbstätigenbefragung 2018)

Außerdem treten bei Beschäftigten mit hoher Arbeitsintensität eher Muskel-Skelett-Beschwerden auf als bei Beschäftigten mit geringer Arbeitsintensität. Dazu gehören Schulter-/Nackenschmerzen, Rückenschmerzen, Knieschmerzen, Bein-/Fußschmerzen, Armschmerzen, Handschmerzen, Hüftschmerzen und geschwollene Beine (siehe Abbildung 18).

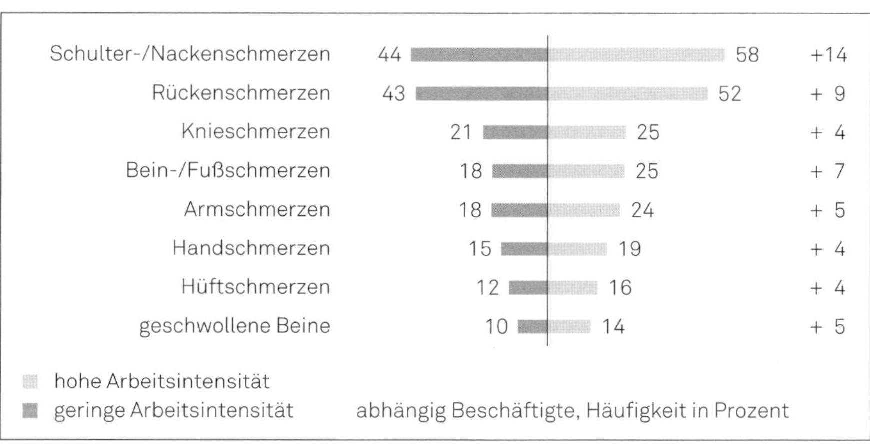


*Anmerkungen:* Alle Ergebnisse sind signifikant mit $p<.001$ im Chi-Quadrat-Test; $n$ (2018) = 17 852; ggf. zahlenmäßige Abweichungen der Differenzen durch Rundung.

**Abbildung 18:** Arbeitsintensität und muskuloskelettale Beschwerden (BIBB/BAuA-Erwerbstätigenbefragung 2018)

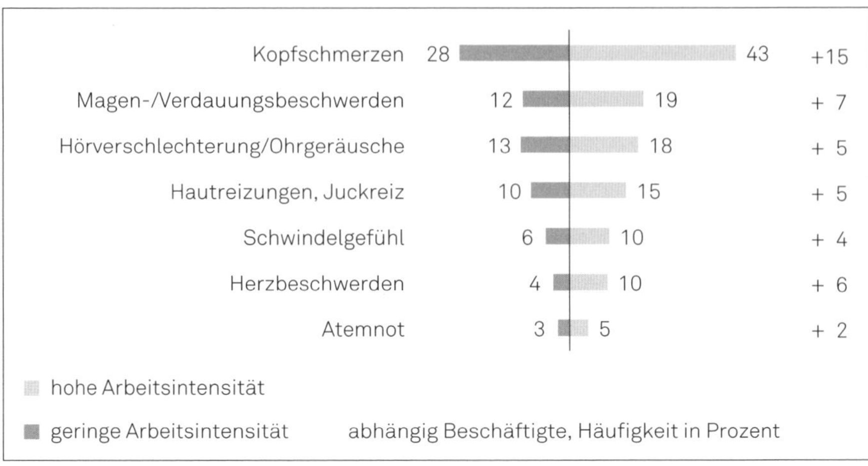


*Anmerkungen:* Alle Ergebnisse sind signifikant mit $p<.001$ im Chi-Quadrat-Test; $n$ (2018) = 17 852; ggf. zahlenmäßige Abweichungen der Differenzen durch Rundung.

**Abbildung 19:** Arbeitsintensität und sonstige Beschwerden (BIBB/BAuA-Erwerbstätigenbefragung 2018)

Auch sonstige Beschwerden treten bei Beschäftigten mit hoher Arbeitsintensität eher auf als bei denen mit geringer Arbeitsintensität. Dies gilt für Kopfschmerzen, Magen-/Verdauungsbeschwerden, Hörverschlechterung/Ohrgeräusche, Hautreizungen/Juckreiz, Schwindelgefühl, Herzbeschwerden sowie Atemnot (siehe Abbildung 19).

**Je höher die Arbeitsintensität, desto schlechter der Gesundheitszustand**

Zudem beurteilen Beschäftigte mit hoher Arbeitsintensität auch ihren Gesundheitszustand signifikant schlechter (18 Prozent weniger gut/schlecht) als solche mit geringer Arbeitsintensität (13 Prozent weniger gut/schlecht).

### 4.2.4 Zusammenfassung

Beschäftigte mit hoher Arbeitsintensität berichten in höherem Maße über Beanspruchung und gesundheitliche Beschwerden als Beschäftigte mit niedriger Arbeitsintensität. Zudem schätzen sie auch ihren Gesundheitszustand schlechter ein.

## 4.3 Folgen von Zeit- und Leistungsdruck vor dem Hintergrund qualitativer Studien

*Anika Schulz-Dadaczynski*

Nachdem in den vorangegangenen beiden Abschnitten mögliche Folgen hoher Arbeitsintensität auf Basis quantitativer Daten beleuchtet wurden, beschäftigt sich dieser Abschnitt mit den Folgen von hohem Zeit- und Leistungsdruck, die durch Interviews mit Beschäftigten in qualitativen Studien ermittelt wurden (vgl. auch die

Interviewstudien zum Erleben von Zeit- und Leistungsdruck durch Beschäftigte in Abschnitt 2.2).

**Datenbasis**

Die Datenbasis der nachfolgenden Ausführungen sind zwei Forschungsprojekte der Bundesanstalt für Arbeitsschutz und Arbeitsmedizin (BAuA), die sich in qualitativer Forschung mit Zeit- und Leistungsdruck beschäftigt und in denen Interviews mit Beschäftigten stattgefunden haben. Im ersten Projekt wurden im Rahmen zweier arbeitssoziologischer Teilprojekte insgesamt 43 Interviews mit Beschäftigten in Wissens- oder Interaktionsarbeit in fünf verschiedenen Betrieben geführt (Laufzeit 2012 bis 2016; Dunkel & Kratzer, 2016; Handrich, Koch-Falkenberg & Voß, 2016). Im zweiten Projekt fanden im Rahmen arbeitspsychologischer Forschung insgesamt 45 Interviews mit Beschäftigten der Wissens- und Dienstleistungsarbeit statt (Laufzeit 2016 bis 2019; Schulz-Dadaczynski & Janetzke, 2020; Schulz-Dadaczynski, Junghanns & Lohmann-Haislah, 2019; vgl. auch Kapitel 6 für eine ausführlichere Darstellung zu den Projekten). In beiden Projekten wurden die Beschäftigten völlig offen u. a. zu den Folgen von Zeit- und Leistungsdruck befragt, d. h. es wurde ihnen keine Vorabauswahl möglicher Folgen präsentiert.

### 4.3.1 Folgen für Befinden und Gesundheit der Beschäftigten

**Beschäftigte beschrieben am häufigsten Beeinträchtigungen ihres Befindens durch Zeit- und Leistungsdruck**

Auf die offene Frage nach den Folgen von Zeit- und Leistungsdruck beschrieben die interviewten Beschäftigten am häufigsten *Beeinträchtigungen ihres Befindens* bzw. *psychosomatische Beschwerden*. Hierunter führten sie bspw. „Dünnhäutigkeit" bzw. Gereiztheit an, Erschöpfung bzw. verstärkten Erholungsbedarf, Unzufriedenheit oder auch Schlafprobleme sowie Probleme, von der Arbeit abschalten zu können. Eine Befragte beschreibt die Erschöpfung unter den Beschäftigten ihres Teams wie folgt:

> „Dass wir gemerkt haben, dass wir jetzt alle irgendwo so ziemlich am Ende sind. Das ist auch immer so phasenweise. Es gibt natürlich auch mal Zeiten, wo es mal *etwas* ruhiger ist. Aber momentan haben wir wieder eine Phase, wo bei uns die Hölle los ist, wirklich. Und wo man wirklich merkt: Die Leute sind kaputt."

**Einige Befragte beschreiben konkrete gesundheitliche Auswirkungen und deren Folgen**

Teilweise schilderten die Befragten konkrete *gesundheitliche Beschwerden* wie bspw. Herzrasen, Magenschmerzen, Rückenschmerzen, Kopfschmerzen oder Augenprobleme. Einige Befragte berichteten von *gravierenden Auswirkungen* dieser psychosomatischen bzw. gesundheitlichen Beschwerden, wie bspw. von längeren Krankschreibungen, Versetzungen innerhalb des Unternehmens oder von Burnout, wie der folgende Befragte:

> „Das war tatsächlich beim letzten Mal so, dass das so stressig war, dass ich sechs Wochen Burnout hatte, dass ich quasi ausgestiegen bin. Ich bin freigestellt worden irgendwann. Was sehr stark mit dem Arbeitspensum zusammenhängt."

**Einzelne Befragte schildern ein der Gesundheit eher abträgliches Verhalten**

Darüber hinaus schilderten einzelne Befragte, dass hoher Zeit- und Leistungsdruck zu einem für die Gesundheit eher abträglichen Verhalten führt, wie bspw. zu einem stark erhöhten Konsum von Kaffee oder Süßigkeiten. Von letzterem erzählte die folgende Befragte:

> „Was wir im Team ganz oft machen, was wir auch gerade wieder akut feststellen, ist: unfassbar viele Süßigkeiten essen. Unfassbar viele Süßigkeiten. Es ist ganz schlimm."

### 4.3.2 Folgen für die Work-Life-Balance

**Die Harmonisierung von Berufs- und Privatleben wird erschwert**

Viele Beschäftigte beschrieben negative Folgen hohen Zeit- und Leistungsdrucks für ihre Work-Life-Balance, d.h. die Harmonisierung ihres Berufs- und Privatlebens.

Diesbezüglich berichteten Beschäftigte zum einen von *Schwierigkeiten, das Berufsleben mit privaten Terminen und Verpflichtungen in Einklang zu bringen*. Vor allem Mütter erzählten hier von Konflikten zwischen der Kinderbetreuung oder familiären Terminen und Verpflichtungen im Berufsleben. Aber auch Beschäftigte ohne Betreuungsverpflichtungen berichteten von derartigen Konflikten mit privaten Terminen oder davon, dass für das Privatleben nicht mehr genug Zeit und Energie vorhanden sei, wie bspw. die folgende Befragte:

> „Und ich merke dann [bei hohem Zeit- und Leistungsdruck], dass ich zu Hause keine Kraft mehr habe. Also, ich bin so ein bisschen manchmal antriebslos. Ich kann mich nicht aufraffen, bei der Werkstatt anzurufen, um zu sagen: Ich brauche einen Termin, weil das Auto gemacht werden muss. Oder, ja, eben keinen Hausputz mache oder merke: Och, dann habe ich halt die Weihnachtsdeko noch nicht geschafft am zweiten Advent. Und dass man dann einfach sagt, da macht man dann nichts mehr. Da ist man dann platt."

**Sportliche und soziale Aktivitäten als eigentlich wichtiger Ausgleich fallen bei hohem Zeit- und Leistungsdruck oftmals weg**

*Private Verpflichtungen und Aktivitäten bleiben* dann *auf der Strecke*, zu denen vor allem auch sportliche und soziale Aktivitäten gehören. Letztere stellen eigentlich wichtige Kraftquellen im Privatleben dar und sorgen für positive Erlebnisse, sodass ihr Wegfall für viele Beschäftigte sehr belastend ist. Ein Befragter beschreibt das wie folgt:

> „Man merkt irgendwann, dass man keine Freunde mehr trifft, dass man nur noch abends auf der Couch vorm Fernseher sitzt. Und das hat mich sehr bedrückt auch, muss ich sagen. Das fehlt mir. Und die wenige Bewegung. Also, man sitzt zehn, zwölf, dreizehn, vierzehn Stunden da vorm Rechner. Das merkt man physisch ganz stark auch. Nein, nein, das ist ein Riesenproblem. Finde ich schon."

**Zeit- und Leistungsdruck kann zum Wegbrechen sozialer Ressourcen beitragen**

In einzelnen Fällen wurde sogar von *gescheiterten Ehen bzw. Paarbeziehungen* und dem *Ende von Freundschaften* erzählt, für die hoher Zeit- und Leistungsdruck und die daraus resultierende Zeit- und Energieknappheit im Privatleben zumindest mit verantwortlich gemacht wird. Somit trägt hoher Zeit- und Leistungsdruck unter Umständen zu einem Wegbrechen wichtiger sozialer Ressourcen im Privatleben bei, die eigentlich dabei helfen, „wieder aufzutanken" und hohen Zeit- und Leistungsdruck bei der Arbeit besser zu ertragen. Hieraus ergibt sich dann manchmal ein regelrechter Teufelskreis:

„Und dadurch, dass man so viele Überstunden macht, das ist ja ein Teufelskreis, ne? Man arbeitet viel, dadurch kann man sich um andere Sachen nicht kümmern ... [Phasen mit sehr hohem Zeit- und Leistungsdruck] sind auf jeden Fall ein Beziehungskiller. Bei vielen. Also, meine Beziehung hält jetzt gerade, aber wenn meine Ex-Beziehungen vorbei waren, war es meistens in solchen Zeiten."

### 4.3.3 Folgen für die Tätigkeitsausübung (Leistung)

**Zwangsläufige Qualitätsabstriche aufgrund von Zeit- und Leistungsdruck sind für die Beschäftigten oftmals belastend**

Ebenso häufig wie von negativen Folgen für ihre Work-Life-Balance berichteten Beschäftigte von negativen Folgen hohen Zeit- und Leistungsdrucks für die Tätigkeitsausübung bzw. Leistung. Diesbezüglich erzählten die Befragten nicht nur davon, unter hohem Zeit- und Leistungsdruck *Dinge zu vergessen* oder *Fehler* zu machen, sondern vor allem auch von *zwangsläufigen Qualitätsabstrichen* bei der Tätigkeitsausübung. Es bleiben nicht nur bspw. konzeptionelle Tätigkeiten auf der Strecke, sondern vor allem die (Service-)Qualität bzw. Intensität der Betreuung von Kund:innen, Klient:innen oder Patient:innen. Dies ist für die Beschäftigten oftmals sehr belastend, da diese zwangsläufigen Abstriche auch mit ihrem professionellen Selbstverständnis kollidieren. Dies schildert die folgende Befragte:

„Und tatsächlich denke ich, dass ich eine anständige Bezugsbetreuung nur herstellen kann, wenn ich auch eine Beziehung zu demjenigen habe. Und eine Beziehung zu dem Betreuten kann ich nur herstellen, wenn ich tatsächlich auch mit dem Menschen Zeit verbringe. Und das ist tatsächlich das, was ich am meisten bedauere: Dass ich das in meiner Vorstellung nicht genügend habe ... Früher hatte ich auch mal Zeit, mich mit einem Bewohner hinzusetzen. Ich weiß nicht, wann ich das das letzte Mal hatte."

### 4.3.4 Folgen für die sozialen Beziehungen am Arbeitsplatz

**Zeit- und Leistungsdruck kann die sozialen Beziehungen am Arbeitsplatz negativ beeinträchtigen**

Neben den bislang berichteten Folgen hohen Zeit- und Leistungsdrucks spielten in den Interviews schließlich noch negative Folgen für die sozialen Beziehungen am Arbeitsplatz, d.h. die Beziehungen zwischen Kolleg:innen und zu Vorgesetzten, eine große Rolle. Die Beschäftigten berichteten diesbezüglich von gereizter Stimmung im Team, von wegfallenden „Flurgesprächen" und reduzierter Hilfsbereitschaft sowie davon, insgesamt kürzer angebunden, ungeduldiger oder regelrecht „fies" zu sein. Hierüber reflektiert eine interviewte Führungskraft sehr offen:

„Ja, ich war wirklich fies. Also, aufgrund dieser ganzen Situation bei uns, wird man ungeduldig, ungnädig. Aber dadurch demotiviert man die [Mitarbeiter] doch. Aber mich hat das alles so aufgeregt. Und dann habe ich mich am nächsten Tag entschuldigt. Und dann muss man wieder gucken: Wie kann ich die Menschen motivieren in dieser Situation, hier noch ihren Job zu schaffen? Und wie können sie auch ihre Kräfte steuern?"

Eine andere Befragte berichtet von der Verschlechterung der sozialen Beziehungen im Betrieb und erfolglosen Versuchen, gegenzusteuern:

„Also, wir in der Abteilung machen jetzt regelmäßig so eine Art Abteilungsfrühstück. Wobei es halt so aussieht: Jeder bringt was mit, das wird alles in ein Zimmer gestellt und dann holt sich da jeder was. Also, von gemeinsam ist da dann auch nichts, weil jeder holt es sich dann in sein Büro und isst da dann nebenbei. Also, das Einzige, was gemeinsam ist, alle bringen gemeinsam etwas mit. Und Weihnachtsfeier, selbst da sind es die Leute einfach schon leid, das zu organisieren, weil alle sind müde, alle sind genervt von der Stimmung und haben dann halt einfach keine Lust, ne?"

**Bei schlechten sozialen Beziehungen am Arbeitsplatz ist Zeit- und Leistungsdruck schwerer erträglich und bewältigbar**

Da die sozialen Beziehungen am Arbeitsplatz eine wichtige Ressource für einen guten Umgang mit Zeit- und Leistungsdruck und zum Abpuffern seiner negativen Auswirkungen auf Befinden und Gesundheit sind (vgl. Abschnitt 2.3 und 6.2), ist ihre Beeinträchtigung durch hohen Zeit- und Leistungsdruck brisant. Wie auch beim Wegbrechen sozialer Ressourcen im Privatleben kann es durch schlechte soziale Beziehungen am Arbeitsplatz zu einem Teufelskreis in Bezug auf Zeit- und Leistungsdruck kommen, der dann kaum noch zu bewältigen und zu ertragen wäre:

*Interviewer:* „Gibt es irgendwelche Faktoren, wo Sie sagen: Das muss auf jeden Fall so bleiben, also das ist jetzt besonders wertvoll und hilfreich für mich, damit ich das alles hier auch gut ertragen kann oder sage, Mensch, die Arbeit bringt mir trotzdem zum Großteil noch Spaß?" *Befragte:* „Das Betriebsklima. Das ist für mich *ganz* wichtig. Also, dieses Verhältnis zu meinen Kolleginnen. ... Dieses Betriebsklima ist für *mich* persönlich ganz, ganz, wichtig. Ganz wichtig." *Interviewer:* „Also, das trägt einen dann schon auch über die Arbeitstage sozusagen?" *Befragte:* „Ja, das trägt. Ja. Ja, ja, ja, ja."

## 4.4 Fazit

Die Betrachtung möglicher Folgen einer (zu) hohen Arbeitsintensität aus den drei unterschiedlichen Perspektiven bzw. auf der Basis ganz unterschiedlicher Datenquellen hat übereinstimmend gezeigt, dass eine hohe Arbeitsintensität mit gesundheitlichen Beeinträchtigungen und Beschwerden der Beschäftigten einhergehen kann. Eine (zu) hohe Arbeitsintensität gilt somit zu Recht als ein Risikofaktor bzw. eine Gefährdung für die Gesundheit der Beschäftigten. Neben den gesundheitlichen Beeinträchtigungen sind auch Beeinträchtigungen von Motivation und Leistung möglich, wobei letztere auch in den Interviewstudien ein wichtiges Thema waren. Die qualitativen Daten haben zudem gezeigt, dass eine hohe Arbeitsintensität problematisch für die Work-Life-Balance der Beschäftigten und die sozialen Beziehungen am Arbeitsplatz ist und diese gravierend verschlechtern kann. Vor dem Hintergrund dieser möglichen negativen Folgen ist die Gestaltung von und ein guter Umgang mit hoher Arbeitsintensität sehr wichtig, womit sich das Kapitel 6 ausführlich beschäftigen wird. Zuvor wird nun jedoch in Kapitel 5 eine in der heutigen digitalen Arbeitswelt relevante Facette von Arbeitsintensität behandelt: die Informationsüberflutung am Arbeitsplatz.

# 5 Informationsüberflutung am Arbeitsplatz

*Gisa Junghanns*

## 5.1 Einleitung

In den nun folgenden Ausführungen soll es um einen wichtigen Aspekt von Arbeitsintensität gehen, der insbesondere hohe Arbeitsintensität reflektiert und einen zentralen Belastungsfaktor in der heutigen digitalen Arbeitswelt darstellt – das hohe Aufkommen von Informationen und das damit einhergehende Erleben von Informationsüberflutung.

Arbeit mit digitalen Medien gilt als zentrales Merkmal moderner Erwerbsarbeit. Laut einer Auswertung des Statistischen Bundesamts ist im Jahr 2020 mittlerweile der überwiegende Teil (98 Prozent) der Unternehmen mit Internetzugang ausgestattet (Statistisches Bundesamt, 2021). Die umfangreichen Interaktions-, Recherche- und Speichermöglichkeiten der neuen Medien haben zu einer Beschleunigung der Kommunikation und zu einer Zunahme des Informationsangebotes geführt (Moser, Preising, Göritz & Paul, 2002). Es werden so viele Informationen erhalten bzw. ausgetauscht, wie nie zuvor (Rosa, 2014). Bequem und beständig kann auf eine nahezu unbegrenzte Informationsmenge zugegriffen werden. Berufliche Kommunikation kann zudem ortsunabhängig und zeitlich entkoppelt (zu unterschiedlichen Zeiten für „Sender" und „Empfänger") stattfinden.

Neue Informations- und Kommunikationstechnologien fördern somit die zeitliche und örtliche Mobilität von Arbeit und liefern Chancen für eine zielgerichtete Unterstützung der eigenen Arbeit (Pfeiffer, 2012). Diesen positiven Wirkungen stehen aber auf der anderen Seite auch Stressoren, wie z. B. die sogenannte „Informationsflut" gegenüber.

Eine repräsentative Studie der Schwenninger Krankenkasse und der Stiftung „Die Gesundarbeiter" (2018), bei der rund 1000 Jugendliche und Erwachsene in Deutschland zwischen 14 und 34 Jahren befragt wurden, ergab, dass sich mehr als 50 Prozent durch die allgemeine Informationsflut, ausgelöst bspw. durch Push-Nachrichten, Mails und Newsletter, unter Druck gesetzt fühlen. Besonders alarmierend ist, dass fast jeder zweite „digital Gestresste" bekennt, dass er kaum Möglichkeiten sieht, etwas dagegen zu tun.

Eine repräsentative Querschnittstudie der volljährigen Bevölkerung in Deutschland im Auftrag der Techniker Krankenkasse (Wohlers & Hombrecher, 2016) ergab, dass von 13 genannten Stressfaktoren die „Informationsflut" durch E-Mails bei der Arbeit bereits auf Platz 4 der als belastend empfundenen Faktoren steht, nach Arbeitsverdichtung, Termindruck/Arbeitshetze und Störungen/Unterbrechungen während der Arbeit.

**Informationsüberflutung – altes Phänomen unter neuen Bedingungen**

Vor dem Hintergrund immer fortschreitender technischer Entwicklungen in den Informations- und Kommunikationstechnologien ist davon auszugehen, dass die Verbreitung von Informationsflut, die bereits im letzten Jahrhundert durch den Begriff des „Information Overload" geprägt wurde (Toffler, 1970), weiter zunehmen wird.

## 5.2 Definition

Infomationsüberflutung verdeutlicht ein Missverhältnis zwischen Anforderungen und Bewältigungsmöglichkeiten

Der Begriff *Information Overload* wird gewöhnlich im Zusammenhang mit der Nutzung verschiedener Formen internetbasierter Kommunikation, wie bspw. E-Mails oder soziale Medien, verwendet. Er wird oftmals im gleichen Kontext wie die deutschsprachigen Begriffe „Informationsflut" und „Informationsüberflutung" oder „Informationsüberlastung" gebraucht. Gemäß Antoni und Ellwart (2017) kommt es zu einem Information Overload, wenn die wahrgenommenen Anforderungen (die zu bearbeitende Informationsmenge) die wahrgenommene Bewältigungskapazität (Informationsverarbeitungskapazität) einer Person überschreiten (siehe auch Bawden & Robinson, 2009; Eppler & Mengis, 2004; Misra & Stokols, 2011; Soucek, 2009; Rau & Hoppe, 2020).

Informationsüberflutung zeigt auf ein Missverhältnis zwischen Informationsangebot und -bedarf

Grundlegende Arbeiten dazu stammen im deutschsprachigen Raum von Moser et al. (2002), Preising (2004) sowie Soucek und Moser (2010). Moser et al. (2002) sehen ein Missverhältnis von Informationsangebot und -nachfrage bzw. -bedarf als möglichen Auslöser für das Erleben von Informationsüberflutung am Arbeitsplatz. Seidler et al. (2018) führen aus, dass Informationsüberflutung am Arbeitsplatz ein Missverhältnis zwischen arbeitsauftragsspezifischem Informationsbedarf und aktuellem Daten-/Informationszufluss voraussetzt. Der Zufluss von Daten sowie die vom Bearbeiter davon aufgegriffenen Informationen können als Informationsüberflutung erlebt werden, wenn der zur Auftragsbearbeitung erforderliche Informationsbedarf deutlich geringer ist als der Zufluss bzw. wenn Probleme der Gebrauchstauglichkeit des Zuflusses (DIN EN ISO 9241, 1999) bestehen.

Informationsüberflutung – ein subjektives Phänomen

In einer Interviewstudie mit über 70 Teilnehmer:innen im Dienstleistungsbereich wurden die Beschäftigten befragt, was sie unter „Informationsflut" verstehen (Piecha & Hacker, 2020[13]). Sie nannten zum überwiegenden Teil Aspekte des Beanspruchungserlebens, wie z. B. das „Gefühl von Zuviel", und trafen Aussagen wie „Wenn ich die Informationen nicht mehr handhaben kann" oder „Wenn ich es [die Informationen] nicht mehr verarbeitet bekomme". Information Overload ist somit in erster Linie ein wahrgenommenes, subjektives Phänomen. Erlebt wird hierbei ein „Zuviel" an Informationen (Kittl, 2008) im Verhältnis zu bestehenden geistigen Verarbeitungsmöglichkeiten (Schultze & Vandenbosch, 1998). Dies lässt sich wie folgt erklären: Jede Information muss aufgenommen, verarbeitet und häufig hinsichtlich ihrer weiteren Verwendung gespeichert werden. Dem Menschen steht dafür aber nur eine begrenzte Kapazität zur Verfügung (siehe Rau & Hoppe, 2020). Zudem unterscheiden sich Menschen in ihren Fähigkeiten, Informationen aufzunehmen, zu verarbeiten und zu speichern, somit ist ihre kognitive Verarbeitungskapazität unterschiedlich und entsprechend auch der Zeitpunkt des Erlebens von Informationsüberflutung.

---

13 In den weiteren Ausführungen wird des Öfteren auf die Arbeit von Piecha und Hacker (2020) verwiesen bzw. direkt darauf Bezug genommen und Passagen daraus zusammenfassend dargelegt. Sie stellt die derzeit aktuellste Arbeit der Bundesanstalt für Arbeitsschutz und Arbeitsmedizin (BAuA) zur Thematik „Informationsflut" in extramuraler Forschung dar und ist eine umfangreiche multimethodal angelegte empirische Studie im Wissens- und Dienstleistungsbereich.

Im Rahmen der folgenden Ausführungen wird vorzugsweise von Informationsüberflutung und nicht von Informationsflut gesprochen, denn der Begriff der Überflutung wird dem Begriff Overload, also dem Überlastungserleben, besser gerecht als der eher expositionsnahe Begriff Informationsflut (Seidler et al., 2018).

**Informationsüberflutung und Zeitdruck können sich gegenseitig bedingen**

Da eine adäquate Informationsverarbeitung ein Mindestmaß an Zeit bedarf, ist Zeitdruck und damit auch das Konstrukt der Arbeitsintensität (siehe Kapitel 2) eng mit dem Erleben von Informationsüberflutung verbunden. Gibt es nicht ausreichend Zeit zur Bearbeitung eines hohen Informationsaufkommens, ist die Informationsverarbeitungskapazität einer Person schnell überschritten und der Weg für das Erleben von Informationsüberflutung geebnet.

Andererseits kann Informationsüberflutung auch zukünftigen Zeitdruck bedingen. Zum Beispiel kann Informationsüberflutung eine reduzierte Arbeitsqualität nach sich ziehen, die zu einem späteren Zeitpunkt, z. B. durch Fehlerkorrekturen, Probleme bereitet. Deren Behebung erfordert wiederum Zeit und kann Zeitdruck fördern.

## 5.3 Entstehung und Kernmerkmale von Informationsüberflutung

Prinzipiell kann die *Menge an Informationen*, die zu verarbeiten sind, an die Grenzen der mentalen Verarbeitungsmöglichkeiten stoßen und als Überlastung wahrgenommen werden. Ebenso kann aber auch eine qualitative Überforderung vorliegen, bspw. durch zu *komplexe* (zu viele Abhängigkeiten einzelner Informationsteile) *oder mehrdeutige Informationen* (Eppler & Mengis, 2004).

**Man unterscheidet die Push- und Pull-Perspektive**

Ursache der Überflutung kann aber auch die *Menge an Daten* sein, die man erst einmal nach relevanten Informationen in einer bestimmten Zeit durchsuchen muss (Proctor & Schneider, 2018). Hier muss danach unterschieden werden, ob eine Person nach Informationen für die Bearbeitung einer bestimmten Aufgabe sucht und daher diverse Quellen nach dem Vorhandensein der benötigten Informationen durchsucht (sog. *Push-Perspektive*), oder ob eine Person unaufgefordert Daten zugesendet bekommt, die eine Information für die Erledigung der Arbeitsaufgabe enthalten könnten (sog. *Pull-Perspektive*). Letzteres bezeichnen Moser et al. (2002) als Missverhältnis von Angebot und Bedarf an Informationen. Im ersteren Fall – eine Person sucht in einer größeren Datenmenge nach Informationen – tut sie dies aktiv und direkt bezogen auf die Lösung eines Problems ihrer Tätigkeit. Im zweiten Fall – eine Person bekommt z. B. unaufgefordert Daten in Form von E-Mails zugeschickt – muss sie erst klären, ob die zugesandten Daten für die eigene Arbeit überhaupt notwendig sind. Dies führt zu einem kognitiven Aufwand mit den Daten an sich (Entscheidung zwischen informationsleeren und informationshaltigen Daten) und zieht bei der Bearbeitung informationshaltiger Daten (Beschäftigung mit dem Inhalt der Information) weiteren kognitiven Aufwand der Informationsverarbeitung nach sich (Rau & Hoppe, 2020).

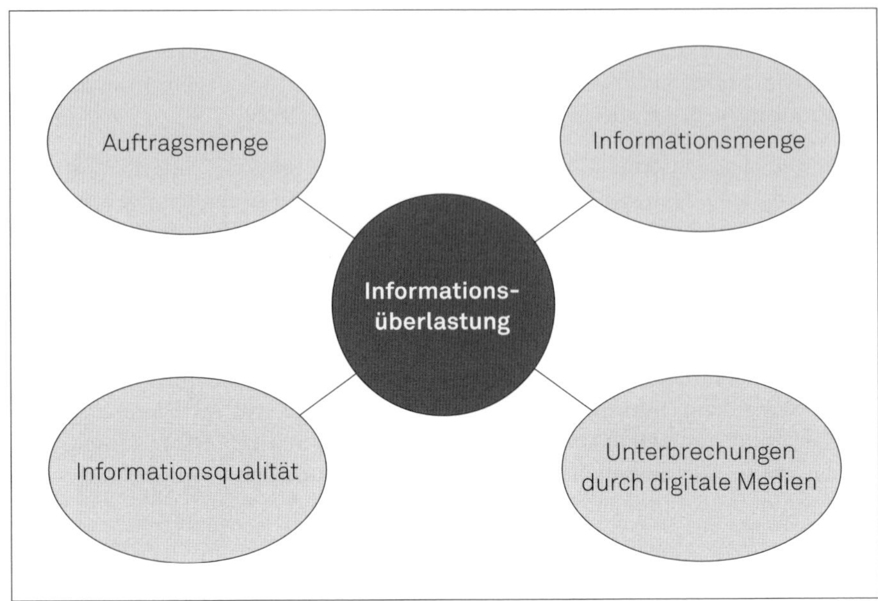


**Abbildung 20:** Kernmerkmale der Informationsüberflutung (gemäß Piecha & Hacker, 2020)

**Vier Kernmerkmale, die zu Informationsüberflutung führen können**

Gemäß der bereits erwähnten multimethodalen empirischen Studie im Dienstleistungsbereich von Piecha und Hacker (2020) tragen vier Kernmerkmale zum Erleben von Informationsüberflutung[14] bei: die Auftragsmenge, die Informationsmenge, die Informationsqualität und Unterbrechungen durch digitale Medien (siehe Abbildung 20).

**Eine hohe Auftragsmenge fördert Informationsüberflutung**

*Auftragsmenge.* Treffen bei einer Arbeitsaufgabe mehr Aufträge bzw. Anfragen über digitale Medien ein als in der zur Verfügung gestellten Arbeitszeit erledigt werden können, kommt es zur Informationsüberflutung. Dabei wird der Moment des Eintreffens neuer zusätzlicher Informationen, die Arbeitsaufträge oder Anfragen enthalten, als konkreter Zeitpunkt des Auftretens von Informationsüberflutung beschrieben. Informationsüberflutung tritt somit primär beim Erhalt dieser Aufträge bzw. Anfragen auf, da zu diesem Zeitpunkt die Bearbeitung geplant und der bevorstehende Bearbeitungsaufwand abgeschätzt wird. Die aus den Informationen resultierende Aufgabenmenge übersteigt in der Wahrnehmung der Beschäftigten die zur Verfügung gestellte Arbeitszeit.

*Informationsmenge.* Informationsüberflutung entsteht, wenn eine zu hohe Menge an relevanten Informationen für die Erledigung von Arbeitsaufgaben bereitsteht. Ge-

14 In der Arbeit von Piecha und Hacker (2020) wird der Begriff „Informationsüberlastung“ verwendet, der dem in der vorliegenden Arbeit verwendeten Begriff der „Informationsüberflutung“ entspricht. Beide Begriffe reflektieren die subjektive Wahrnehmung hoher Informationsmengen und damit eine Beanspruchungsfolge. Aus Gründen einer einheitlichen Begriffsverwendung wird im Folgenden weiter der Begriff der Informationsüberflutung verwendet.

nauer gesagt: Informationsüberflutung tritt dann auf, wenn die für die Arbeit über digitale Medien bereitgestellte notwendige Informationsmenge so hoch ist, dass die benötigte Bearbeitungszeit die verfügbare Arbeitszeit übersteigt. Das können z. B. arbeitsbezogene Hintergrundinformationen oder Wissen über Verfahrensabläufe sein. Die verfügbare Arbeitszeit reicht nicht aus, um sich damit angemessen zu beschäftigen und die Informationen zu berücksichtigen.

**Eine hohe Menge relevanter Informationen fördert Informationsüberflutung**

*Informationsqualität.* Qualitätsmerkmale von Informationen sind vielfältig und betreffen bspw. die Relevanz von Informationen, die Vollständigkeit von Informationen, deren Redundanz, deren Verständlichkeit, Strukturiertheit, Komplexität, Diversität und zeitliche Passung (Drössler et al., 2018; Piecha & Hacker, 2020). Eine geringe Qualität von Informationen, i. S. ihrer Gebrauchstauglichkeit für die Arbeitsaufgaben, ist eine wichtige Größe für die Entstehung von Informationsüberflutung, weil sich daraus Probleme bei deren Verarbeitung ergeben. Zudem können Informationen geringer Qualität selbst neue Informationsmengen hervorrufen, z. B. bei der Notwendigkeit von Nachfragen beim Absender.

**Eine geringe Qualität von Informationen fördert Informationsüberflutung**

Die Überwindung fehlender Gebrauchstauglichkeit bedarf eines erhöhten Aufwands bei der Informationsverarbeitung. Zum Beispiel erhalten Beschäftigte über digitale Medien häufig irrelevante Informationen, die zusätzlicher (unnötiger) Informationsverarbeitung bedürfen: Es besteht die Notwendigkeit, stets die Relevanz von Informationen einzuschätzen und tatsächlich relevante aus irrelevanten Informationen (Daten) rausfiltern zu müssen. Ein weiteres Beispiel betrifft unvollständige Informationen: Über digitale Medien eintreffende oder bereitstehende Informationen sind manchmal unvollständig, es fehlen wichtige Informationen, wie z. B. Terminvorgaben, konkrete Auftragsformulierungen, personelle Zuständigkeiten etc. Oft sind dann Informationssuchen (z. B. Nachfragen beim Absender oder andere Informationen recherchieren) notwendig, die Zeit benötigen und wiederum die Verarbeitung weiterer Informationen (manchmal wiederum irrelevante) nach sich ziehen können (Piecha & Hacker, 2020).

*Unterbrechungen durch digitale Medien.* Eingehende Informationen können eine Unterbrechung der aktuell bearbeiteten Arbeitsaufgabe darstellen. Unterbrechungen erfordern zusätzliche Anstrengungen bei der Ausführung der Arbeitsaufgaben (Baethge & Rigotti, 2010; Freude & Ullsperger, 2010). So können Unterbrechungen die Informationsverarbeitungskapazität beanspruchen, indem sie zur Aufmerksamkeitsablenkung von der aktuellen Arbeitsaufgabe führen und eine Zeitspanne notwendig wird, um die für die unterbrochene Aufgabe erforderlichen Informationen wiederherzustellen (Hacker, 2008). Im einfachsten Fall kommen durch die Unterbrechung keine relevanten Informationen hinzu, sondern die bisherigen Informationen können weiterbearbeitet werden. Im anderen Fall können Arbeitsunterbrechungen aber auch die zu bearbeitenden Informationsmengen erhöhen. Denn die Unterbrechung selbst kann weitere Tätigkeiten „hervorrufen“ (wie das Lesen der Information, das spontane Ablegen oder Bearbeiten von Dokumenten, das Erstellen kurzer Rückantworten), die die Verarbeitung neuer Informationen bedingen (Piecha & Hacker, 2020). Potenziale zur Unterbrechung haben z. B. E-Mails, Chatnachrichten, Benachrichtigungsfenster und Signaltöne.

**Arbeitsunterbrechungen können durch Zusatzaufträge Informationsüberflutung bedingen**

## 5.4 Die Bedeutung von Arbeitsmerkmalen für die Informationsüberflutung

Wichtige Merkmale der Arbeit beeinflussen das Erleben von Informationsüberflutung. In erster Linie handelt es sich dabei um Merkmale der Arbeitsaufgabe und der Arbeitsorganisation.

**Zeit- und Leistungsdruck, Aufgabenvielfalt und Auftragsparallelität stehen in Zusammenhang mit Informationsüberflutung**

Insbesondere *Zeit- und Leistungsdruck, Aufgabenvielfalt* und *Auftragsparallelität* zeigen einen hohen Zusammenhang zum Erleben von Informationsüberflutung (Piecha & Hacker, 2020). Mit hoher Wahrscheinlichkeit ist Informationsüberflutung an solchen Arbeitsplätzen anzutreffen, an denen sehr unterschiedliche Aufgaben mehr oder weniger gleichzeitig in kurzer Zeit zu bearbeiten sind.

*Zeit- und Leistungsdruck.* Insbesondere häufig erlebter Termin- oder Leistungsdruck geht mit einem hohen Informationsüberflutungserleben einher (Junghanns & Kersten, 2019). So wird auch in der Literatur Zeitdruck als zentraler Faktor im Rahmen des Erlebens von Informationsüberflutung diskutiert (Eppler & Mengis, 2004; Moser et al., 2002).

Informationsüberflutung ist eng mit Terminsetzungen und bestehendem oder durch die jeweiligen Informationen ausgelöstem subjektiven Zeitdruck verbunden. Gemäß den Daten aus der BAuA-Arbeitszeitbefragung 2015[15] berichten 77 Prozent der Befragten mit häufigem Erleben von Informationsüberflutung auch häufig von Zeit- und Leistungsdruck. Von den Befragten, die selten Informationsüberflutung erleben, berichten nur 49 Prozent von Zeit- und Leistungsdruck. Gemäß Piecha und Hacker (2020) wird Informationsüberflutung insbesondere dann erlebt, wenn bereits Zeitdruck bei der Bearbeitung von Arbeitsaufgaben besteht („Bei Zeitdruck sind auch schon drei E-Mails Informationsflut.“; Piecha & Hacker, 2020, S. 26). Zum einen berichten Betroffene, dass die Fähigkeit, weitere Informationen aufzunehmen oder zu verarbeiten, unter Zeitdruck eingeschränkt sei, sodass nur wenige zusätzliche Informationen aufgenommen werden könnten. Zum anderen geben Betroffene an, dass durch weitere Auftragsinformationen der Zeitdruck selbst weiter ansteigen würde. Beide Aspekte – Informationsüberflutung sowie Zeit- und Leistungsdruck – sind Phänomene, die nicht unabhängig voneinander zu sein scheinen: Beide haben mit den Aspekten Menge und Zeit (Kapazität) zu tun.

*Aufgabenvielfalt.* Ein wichtiges, oben bereits erwähntes Arbeitsmerkmal, das Einfluss auf das Informationsüberflutungserleben nimmt, ist die hohe inhaltliche Vielfalt von Aufgaben und damit in Zusammenhang stehenden Aufträgen. Dieses Merkmal deutet auf einen hohen Aufwand bei der Informationsverarbeitung hin, bedingt durch den

---

15 In der BAuA-Arbeitszeitbefragung 2015 (Wöhrmann et al., 2016) wurden über 20 000 Erwerbstätige über alle Wirtschaftsbereiche in Deutschland hinweg zu Aspekten der Arbeitszeit, aber auch zu anderen Arbeitsbedingungen, zum Befinden und zum Gesundheitszustand telefonisch befragt. Die Befragung wurde als Zufallsstichprobe mittels Kontaktierung über zufällig generierte Festnetz- und Mobilfunknummern umgesetzt. Die Grundgesamtheit der Studie bildeten alle Personen ab einem Alter von 15 Jahren in Deutschland, die einer bezahlten Erwerbstätigkeit von mindestens 10 Stunden pro Woche nachgingen.

Wechsel zwischen unterschiedlichen Aufgaben, womit sich die Nähe zum Konzept der „Unterbrechungen" zeigt (Baethge & Rigotti, 2010).

Jede Arbeitsaufgabe weist eine eigene notwendige Informationsmenge auf (z. B. Fach- und Hintergrundwissen, Wissen über Arbeitsabläufe) und zieht aufgabenspezifisches Informations- und Kommunikationsaufkommen nach sich. Dadurch entsteht bei inhaltlich sehr verschiedenen Arbeitsaufgaben oft eine große Menge sehr unterschiedlicher Informationen, die entsprechend schwer zu bewältigen ist. Durch die häufig wechselnden Arbeitsaufgaben entstehen Zeitverluste, bedingt durch das immer wieder notwendig werdende „Eindenken" in die jeweilige Aufgabe. Die Kosten von „Unterbrechungen" sind dabei umso höher, je höher die kognitiven Anforderungen der unterbrochenen Arbeitsaufgaben sind (Sykes, 2011). Wechselnde Arbeitsaufgaben können dem Erleben von Informationsüberflutung auch insofern Vorschub leisten, da ein erhöhter Einordnungsaufwand bei eintreffenden Informationen erforderlich ist, was wiederum zu einem „Zuviel" an Informationen führen kann.

*Auftragsparallelität.* Ein weiteres Arbeitsmerkmal, das mit Informationsüberflutung einhergeht, besteht darin, verschiedenartige Arbeiten und Vorgänge – und damit eine Vielfalt an Arbeitsaufträgen – gleichzeitig im Auge behalten zu müssen. „Multitasking", d. h. die mehr oder weniger gleichzeitige Ausführung verschiedener Aufgaben (Freude & Ullsperger, 2010), kann mit unterschiedlichen zeitintensiven Aufmerksamkeitswechseln einhergehen (Baethge & Rigotti, 2013), und die Schwierigkeit, Wichtiges von Unwichtigem zu unterscheiden, mit sich bringen (Preising, 2004). Damit kann auch Multitasking dem Erleben von Informationsüberflutung eher Vorschub leisten. Weitere Hinweise zum Phänomen „Multitasking" finden sich bei Zimber und Rigotti (2015).

Das zeitgleiche Eintreffen von über digitale Medien vermittelten Aufträgen und Anfragen ist eine Quelle der Informationsüberflutung, da dadurch die Notwendigkeit der steten Priorisierung und des Behaltens der noch zu erledigenden Aufgaben entsteht (i. S. des sog. „prospektiven Gedächtnisses" bzw. Intentionsgedächtnisses). Zusätzlich resultiert aus dem zeitgleichen Eintreffen von Auftragsinformationen das Erleben einer hohen Auftragsmenge, was durch die Vielfalt verwendeter Informations- und Kommunikationskanäle noch begünstigt werden kann.

Fehlende Kenntnisse über von außen gestellte Erwartungen an die eigene Arbeit und die ungenügende Kenntnis, welche Aufgaben in den eigenen Verantwortungsbereich fallen, können zudem Unsicherheit bei der Priorisierung von Informationen und der Informationsbewältigung befördern sowie die Fokussierung der Arbeit auf die wichtigen Aspekte behindern. Gerade bei ungenügender Rollenklarheit (Kahn & Byosiere, 1992) und damit auch unklaren Zielen in der Arbeit, als wesentlichste Regulationsinstanz von Tätigkeiten (Hacker & Sachse, 2014), fällt es Beschäftigten vermutlich schwer, die Relevanz von Informationen sowohl für die Bewältigung aktueller als auch zukünftiger Arbeitsaufgaben zu beurteilen. Umgekehrt könnte das Vorhandensein beider Aspekte (Rollen- und Zielklarheit) dazu beitragen, dass die Arbeitsaufgaben besser definiert und eingegrenzt werden können, sodass sich Informationen auch besser strukturieren und organisieren lassen (Junghanns & Kersten, 2019). Durch einen klar definierten Informationsbedarf basierend auf der genauen Kenntnis von Erwartungen an die eigene Arbeit und den Verantwortungsbereich kann es gelingen, die Informationsflut einzugrenzen.

Nach Piecha und Hacker (2020) lassen sich noch weitere Arbeits- und Tätigkeitsmerkmale identifizieren, die mit Informationsüberflutung im Zusammenhang stehen, wie ein hohes Kommunikationserfordernis in der Arbeit, eine unangemessene Arbeitsteilung, eine hohe Heterogenität des fachlichen Hintergrunds der Kommunikationspartner und unzureichende Vertretungsregelungen sowie ungenügende Regelungen zum Informationsfluss und zum Umgang mit digitalen Medien.

Schließlich ist von individuellen Merkmalen auszugehen, die das Erleben von Informationsüberflutung beeinflussen. Neben Berufserfahrungen, privaten Nutzungsgewohnheiten und personellen Organisationsstrategien kann die individuelle digitale Kompetenz im Umgang mit und dem Erleben von Informationsüberflutung eine Rolle spielen.

## 5.5 Auswirkungen von Informationsüberflutung auf Verhalten, Leistung und Gesundheit

Die möglichen Auswirkungen des Phänomens der Informationsüberflutung auf Arbeit und Gesundheit sind vielfältig und unterstreichen dessen Bedeutung: Das subjektive Erleben von Informationsüberflutung kann sich z. B. in erhöhtem Stressempfinden (z. B. Baethge & Rigotti, 2013; Misra & Stokols, 2011), ausbleibender Motivation (Baldacchino et al., 2002) oder verringerter Arbeitszufriedenheit (Moser et al., 2002) äußern. Die Arbeitsleistung kann sinken (Sparrow, 1999), Fehler werden in Kauf genommen und beim Umgang mit arbeitsbezogenen Informationen treten Schwierigkeiten auf, relevante Informationen zu identifizieren.

> Die Ergebnisse einer Befragungsstudie in der Arbeit von Piecha und Hacker (2020) zeigen, dass Informationsüberflutung Auswirkungen auf die Arbeitsleistung, das Freizeitverhalten und das Befinden hat, was in der Literatur berichtete Befunde stützt (vgl. Antoni & Ellwart, 2017; Drössler et al., 2018; Eppler & Mengis, 2004). Die beschriebenen Beeinträchtigungen sind insgesamt dominanter als die Chancen von Informationsüberflutung, wie Ideenanregung und Wissenszuwachs durch vielfältig verfügbare Informationen.

**Infomationsüberflutung kennzeichnet ein Regulationshindernis**

So erschwert Informationsüberflutung die effiziente Informationsnutzung bei der Arbeit (Bawden & Robinson, 2009; Misra & Stokols, 2011). Dadurch wird ein eigentlich positiver Umstand, nämlich das Vorhandensein von Informationen, zu einem Hindernis bei der Bewältigung der Arbeitsaufgaben. Informationsüberflutung bewirkt Erschwerungen und Unterbrechungen in der Art, dass aufgrund anderweitiger Arbeitsanforderungen eine Person eine Aufgabe nicht konzentriert erledigen kann. Informationen werden in der Folge von Informationsüberflutung schneller übersehen, so Piecha und Hacker (2020), und es häufen sich Fehler.

**Infomationsüberflutung behindert Erholungsprozesse**

Die Informationsfülle kann das Abschalten von der Arbeit erschweren und behindert damit wichtige Erholungsprozesse außerhalb der Arbeit, so die Ergebnisse der Interviewstudie in der Publikation von Piecha und Hacker (2020). Ebenso werden gesetz-

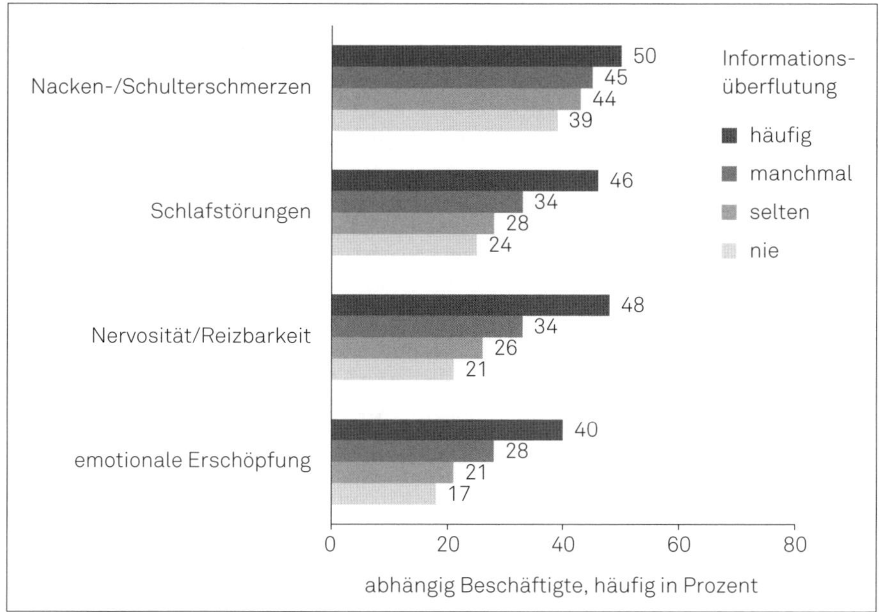


Anmerkungen: Ergebnisse aus der BAuA-Arbeitszeitbefragung 2015, Frage: „Geben Sie bitte an, ob die folgenden Beschwerden bei Ihnen in den letzten 12 Monaten während der Arbeit bzw. an Arbeitstagen häufig aufgetreten sind." (ja/nein)

**Abbildung 21:** Beschwerden in Abhängigkeit vom Erleben von Informationsüberflutung (aus Schulz-Dadaczynski, Junghanns & Lohmann-Haislah, 2019, S. 271)

lich vorgeschriebene Pausen[16] bei hoher Informationsüberflutung häufig nicht in Anspruch genommen (Schulz-Dadaczynski, Junghanns & Lohmann-Haislah, 2019).

Unzureichende physische und psychische Erholung hat wiederum mittel- und langfristige Befindensbeeinträchtigungen zur Folge. So wurden in einer Befragungsstudie (Piecha & Hacker, 2020) mit steigender Informationsüberflutung auch höhere Werte für emotionale Irritation (Gereiztheit) ermittelt, welche als Bindeglied zwischen Arbeitsstressoren und weiteren Beeinträchtigungen, wie Angstsymptomen und psychosomatischen Beschwerden, angesehen wird (Müller, Mohr & Rigotti, 2004). Außerdem berichteten Beschäftigte mit häufiger Informationsüberflutung auch vermehrt über Erschöpfung (Piecha & Hacker, 2020), welche ein Kernsymptom des Burnout-Syndroms darstellt (Shirom, 1989). Ausgehend von Daten der BAuA-Arbeitszeitbefragung 2015 gibt mit 40 Prozent ein höherer Anteil der von häufiger Informationsüberflutung betroffenen Beschäftigten an, erschöpft zu sein, als bei den selten intensiviert Arbeitenden, bei denen es 21 Prozent sind (Schulz-Dadaczynski, Junghanns & Lohmann-Haislah, 2019).

**Informationsüberflutung kann psychovegetative Beschwerden fördern**

Junghanns und Kersten (2020) konnten aufgrund multifaktorieller Analysen eine klare Beziehung zwischen der Häufigkeit des Erlebens von Informationsüberflutung und

16 Laut Arbeitszeitgesetz sind mindestens 30 Minuten Pause bei einer Arbeitszeit über 6 Stunden vorgeschrieben, teilbar in Abschnitte von mindestens 15 Minuten Länge.

dem Auftreten verschiedener Arten von Beschwerden, wie Beschwerden des Muskel-Skelett-Systems und psychovegetativen Beschwerden, dazu zählen allgemeine Müdigkeit/Mattigkeit, Nervosität/Reizbarkeit oder Erschöpfung, ermitteln, was auf einen erheblichen gesundheitlichen Effekt der Informationsüberflutung hinweist. Abbildung 21 verdeutlicht diese Abhängigkeit an den Daten der BAuA-Arbeitszeitbefragung 2015. Insbesondere bei psychovegetativen Beschwerden zeigt sich eine Abhängigkeit von der Häufigkeit des Erlebens von Informationsüberflutung.

Von umso größerer Relevanz ist die Frage, wie man der Überflutung entgegenwirken kann. Für die erfolgreiche Gestaltung eines adäquaten Umgangs mit hohem digitalem Informationsaufkommen sollte

- eine *verhältnispräventive Gestaltung*, die an den Arbeitsbedingungen ansetzt, im Vordergrund stehen,
- ohne dabei deren Kopplung mit *verhaltenspräventiven Ansätzen*, die direkt an den Beschäftigten ansetzen, zu übersehen.

## 5.6 Arbeitsgestaltung zur Vermeidung oder zum Abbau von Informationsüberflutung[17]

Jede Tätigkeit stellt spezifische Anforderungen an Beschäftigte, sodass Empfehlungen für einen adäquaten Umgang mit hohem digital vermitteltem Informationsaufkommen stets an die Tätigkeit und dessen Bedingungen angepasst werden müssen. Dabei ist eine Analyse zur Feststellung wesentlicher Problembereiche unerlässlich. Ansatzpunkte für die Arbeitsgestaltung lassen sich für folgende Bereiche benennen (siehe Kasten).

**Bausteine für die Gestaltung eines adäquaten Umgangs mit hohem digitalem Informationsaufkommen**

- Anforderungsvielfalt der Arbeitsaufgaben
- adäquate Zeitbemessung für die geistige Arbeit mit digitalen Medien
- Entscheidungsspielräume
- Klärung von Prozessen und Informationsflüssen
- Anforderungsgerechte Gestaltung der unternehmensinternen digitalen Medienlandschaft
- Vermeidung der Zustellung irrelevanter Informationen
- Steuerung digitaler Kommunikations- und Informationsaustauschprozesse
- Mitarbeiterentwicklung
- Führung

17 Dieser Abschnitt basiert auf Ergebnissen des Projektes „Informationsflut am Arbeitsplatz – Umgang mit hohen Informationsmengen vermittelt durch elektronische Medien“, das von der BAuA finanziert und an die TU Dresden, Arbeitsgruppe „Wissen, Denken, Handeln“ vergeben wurde. Eine ausführliche Darstellung der umfangreichen Ergebnisse findet man unter der bereits erwähnten Literatur Piecha und Hacker (2020).

*Anforderungsvielfalt* ist ein wichtiger Baustein leistungs-, lern- und gesundheitsförderlicher Arbeitsgestaltung. Allerdings dürfen Vielfalt und Anzahl der gleichzeitig zu verantwortenden Arbeitsaufträge auch nicht zu hoch sein. Ziel ist die Sicherstellung eines balancierten Verhältnisses aus Arbeitsteilung und Aufgabenkombination. Eine angemessene Zusammenstellung der Arbeitsaufträge sollte dabei (1) das erforderliche Maß an Anforderungsvielfalt genauso wie (2) die für die Auftragserfüllung notwendige Informationsmenge, (3) die damit zusammenhängenden Kommunikationserfordernisse und (4) die Anforderungen aus den digitalen Medien sowie (5) den gedanklichen Wechsel zwischen den Aufgaben berücksichtigen. Bei hoher Auftragsvielfalt sollten Prioritäten der verschiedenen Arbeitsaufträge definiert werden. Auch die Erhöhung des Entscheidungsspielraums (z. B. bezüglich des Einflusses auf die Arbeitsmenge) kann zu einer Verringerung von Anforderungsvielfalt beitragen.

**Ein balanciertes Verhältnis aus Arbeitsteilung und Aufgabenkombination hilft hoher Anforderungsvielfalt zu begegnen**

Bei der Arbeit mit digitalen Medien ist eine *adäquate Zeitbemessung* für die Informationsverarbeitung zu gewährleisten. Grundlage dafür ist eine angemessene Planung der Zeitstruktur der Aufgaben. Zeitliche Ressourcen sind dabei für die Informationsaufnahme und -bearbeitung genauso einzuplanen wie für die Informationsabgabe, z. B. bei Dokumentationsaufgaben. Anhand der Zusammenstellung der benötigten zeitlichen Ressourcen für die Arbeitsaufgaben kann dann eine Personalbedarfsplanung erfolgen. Wichtig ist es, für die jeweilige Auftragsbearbeitung angemessene auftragsspezifische Fristen zu setzen, was z. B. auch eine Reduktion von überzogenen Erwartungen an Antwortgeschwindigkeiten im E-Mail-Verkehr einschließt.

**Die Planung zeitlicher Ressourcen für die Aufgabenbearbeitung ist wichtig**

Der Ansatzpunkt *Entscheidungsspielräume* räumt Beschäftigten Entscheidungsbefugnisse zur Festlegung ihrer Tätigkeiten ein und ermöglicht damit Einflussnahme auf die Wahl und somit auch Menge der informationsverarbeitenden Arbeitsaufgaben. Dabei sind klare Ziele für die Aufgaben festzulegen und zu priorisieren, um Zielkonflikte zu vermeiden.

Zur *Klärung von Prozessen und Informationsflüssen* ist eine detaillierte Informationsbedarfsanalyse wichtig, die das Aufkommen irrelevanter, redundanter oder unvollständiger Informationen im Unternehmen reduzieren hilft. Die Anforderungen an die Inhalte relevanter Informationen und die für die Aufgabenerledigung notwendigen Informationsflüsse sollten detailliert definiert, dokumentiert, bekanntgegeben und auf Einhaltung kontrolliert werden („Informationsbedarfsanalyse"). Klare Zuständigkeits- und Vertretungsregelungen sind ebenso hilfreich wie Festlegungen über die zum Informationsaustausch zu verwendenden digitalen Medien. Richtlinien zum Gebrauch der digitalen Arbeitsmittel helfen, Potenziale dieser Medien für die Bewältigung hohen Informationsaufkommens optimal auszuschöpfen.

**Informationsbedarfe und Informationsflüsse sind zu klären**

Zu einer *anforderungsgerechten Gestaltung der unternehmensinternen digitalen Medienlandschaft* sind die Strukturen der unternehmensinternen digitalen Medienlandschaften, die oft historisch gewachsen sind, erst einmal zu ermitteln. Bei wachsender Anzahl der digitalen Medien im Unternehmen ist ein Wechsel hin zu einer proaktiv planerischen Gestaltung, die sich an den Anforderungen der zu erfüllenden Arbeitsaufträge der Beschäftigten mit ihren notwendigen Informationsbedarfen und -flüssen sowie den Grundsätzen der menschlichen Informationsverarbeitung orientiert, unerlässlich. So ist der Einsatz verschiedener digitaler Medien mit unterschiedlichen

**Die Anzahl digitaler Medien so gering wie möglich halten**

Funktionen für die Aufgabenbearbeitung oft unumgänglich (z. B. verschiedene Medien zur Informationsorganisation). Zur Vermeidung von Suchaufwand und der Geringhaltung von „Kosten", die beim gedanklichen Wechsel zwischen Medien entstehen, ist jedoch die Anzahl der für eine Arbeitsaufgabe zu verwendenden digitalen Medien so gering wie möglich zu halten. Insbesondere betrifft das Medien, die für die individuelle oder vernetzte Informationsorganisation eingesetzt werden.

Weiterhin ermöglicht eine gut gestaltete digitale Medienlandschaft ein aufwandarmes Auffinden benötigter Informationen durch eine wahrnehmungspsychologisch günstige visuelle Gestaltung sowie eine Strukturierung der einzelnen Medien und deren Verknüpfung untereinander. Dabei unterstützen bspw. die im Kasten genannten Gestaltungsempfehlungen.

**Empfehlungen zu einer anforderungsgerechten Gestaltung der unternehmensinternen digitalen Medienlandschaft**

- Erhöhung der Sichtbarkeit wesentlicher Informationen in digitalen Medien, z. B. durch optisches Hervorheben benötigter oder Ausblenden nicht benötigter Informationen und eine eindeutige Benennung von Informationen (z. B. Dateinamen)
- Festlegung eines zentralen Zugangs zu bereitstehenden unternehmensinternen Informationen, vom dem aus alle mit einer Information verknüpften weiterführenden Informationen auffindbar sind („Einstiegsmedium"). So entfällt die Notwendigkeit der Suche von Informationen in verschiedenen Medien
- Die technische Möglichkeit, automatisch über Änderungen wichtiger Informationen oder Dokumente benachrichtigt zu werden (z. B. „Alerts")
- Sicherstellung notwendiger Zugriffsberechtigungen auf Informationen (z. B. auf Ordner, Dokumente, Datensätze in Datenbanken)
- Sicherstellung der Aktualität von Informationen in digitalen Informationsspeichermedien, z. B. durch Nutzung von Archivfunktionen
- Bereitstellung gebrauchstauglicher digitaler Medien, die Beschäftigte effektiv und effizient bei der Aufgabenbearbeitung unterstützen, indem sie selbsterklärend sind, notwendige Funktionalitäten bereitstellen und umfänglich funktionstüchtig sind.

**Verantwortliche zur Unterstützung der Beschäftigten bei der Informationsorganisation im Unternehmen zu benennen, ist wichtig**

Die langfristige Strukturierung und Organisation digitaler Informationen im Unternehmen benötigt zeitliche und entsprechende personelle Ressourcen. Feste Verantwortungsträger helfen, die Softwarelandschaft des gesamten Unternehmens langfristig im Blick zu haben und unterstützen Beschäftigte in Fragen zur individuellen und vernetzten Informationsorganisation.

Die *Zustellung von für die Arbeit nicht benötigten Informationen sollte vermieden werden.* Einen großen Beitrag dazu leistet die bereits beschriebene Klärung der unternehmensinternen Prozesse und Informationsflüsse. Weitere Ansatzpunkte sind bspw. die Aktualisierung organisationsinterner Verteilerlisten, Richtlinien zur sparsamen Verwendung der „CC"-Funktion beim E-Mail-Versand, die Optimierung elektronischer

Spam-Filter, die Reduktion IT-systemgenerierter, automatischer Meldungen auf ein notwendiges Mindestmaß sowie der Einsatz von Formularen und Eingabemasken zur Erfassung vollständiger Information, die eine gezielte Weiterleitung an geeignete Bearbeiter ermöglicht.

Bei der *Steuerung digitaler Kommunikations- und Informationsaustauschprozesse* sind folgende Qualitätskriterien in der digital vermittelten schriftlichen Kommunikation mindestens anzusetzen: (1) Verzicht auf Irrelevanz und Redundanz, (2) verständliche und adressatengerechte Darstellung ohne Mehrdeutigkeit, (3) Strukturierung der vermittelten Informationen, (4) vollständige Informationen sowie (5) eindeutige und leicht zuzuordnende Benennung von Informationen.

**Richtlinien für Informationsaustausche sind unternehmensspezifisch und deren Ausgestaltung sollte partizipativ mit den Beschäftigten erfolgen**

Jedes Unternehmen hat andere Anforderungen an Informationen, weshalb die Ausgestaltung der Richtlinien in der betrieblichen Praxis unternehmensspezifisch und partizipativ mit den Beschäftigten erfolgen muss. Richtlinien können bspw. eine aussagekräftige Gestaltung von Informationstiteln (z.B. Betreffzeile) sein oder die vollständige Benennung wichtiger Auftragsinformationen (Was?, Wann?, Wo?, Wie? Wohin?). Insbesondere digital vermittelte Kommunikation, die mehr als zwei Personen involviert und umfangreichere Kommunikation betrifft, benötigt Steuerung, da sonst die Gefahr besteht, dass die Kommunikation ergebnislos bleibt, z.B. bei der Entscheidungsfindung per E-Mail. Steuerungsaufgaben betreffen z.B. die Moderation der Kommunikation zur Sicherung qualitativ hochwertiger Kommunikation oder die (schriftliche) Zusammenfassung zentraler Ergebnisse am Ende der Kommunikation und Bündelung wesentlicher Ergebnisse bereits stattgefundener Kommunikation für u.U. neu hinzukommende Gesprächspartner.

Sind häufig umfangreiche Informationen an mehrere Beschäftigte weiterzuleiten, sollten diese vor Weiterleitung auf das Wesentliche reduziert und adressatengerecht aufbereitet werden. Die Festlegung einer für die Aufbereitung von Informationen zuständigen Person unterstützt dabei, das Informationsaufkommen der anderen Beschäftigten zu begrenzen und damit auch den Gesamtaufwand im Unternehmen zu reduzieren.

Beschäftigte werden in komplexen digital vermittelten Interaktionsgefügen – oft unbemerkt – selbst zum Gestalter von Informationsaufkommen für sich oder andere. Sie sollten daher für ihre eigene Rolle in der Herstellung qualitativ hochwertiger Informationen sensibilisiert werden. Neben Schulungen zur Informationsaufbereitung bieten sich dafür Wissenstransfermaßnahmen an, um Informationsbedarfe anderer Abteilungen kennenzulernen.

*Mitarbeiter:innen* sollten zusätzlich *Schulungen zu Informations-, Zeit- und Aufgabenmanagement* erhalten. Wichtig sind zudem Anwenderschulungen für die am Arbeitsplatz zu verwendenden digitalen Medien, die den Beschäftigten nützliche Funktionsumfänge der Software für ihre Tätigkeit aufzeigen. Ebenfalls ist eine kontinuierliche fachliche Qualifikation der Beschäftigten für die Erfüllung der Arbeitsaufgaben notwendig.

**Qualifikation von Führungskräften wichtig**

*Führungskräfte* sind sich ihrer besonderen Bedeutung bei der Verringerung von Informationsüberflutungserleben am Arbeitsplatz oft nicht ausreichend bewusst. Dabei haben sie, neben einer einflussreichen Vorbildfunktion, die Schlüsselposition für die

Steuerung der Informationsorganisation und Informationsqualität inne. Sie tragen Verantwortung für die Umsetzung der Gestaltungsansätze und die Etablierung von Kontrollmechanismen zur Sicherung der Nachhaltigkeit. Im Austausch mit den Beschäftigten ihres Verantwortungsbereichs sollten sie regelmäßig prüfen, welche Gestaltungsansätze sich bewährt haben und diese bei Bedarf an aktuelle Anforderungen anpassen. Eine ausreichende Qualifikation von Führungskräften für ihre Aufgabe im Informationsmanagement und in der Arbeitsgestaltung ist dabei eine entscheidende Grundlage für die erfolgreiche Umsetzung der o.g. Gestaltungsempfehlungen.

## 5.7 Fazit

Die Entstehung von Informationsüberflutung ist komplex und hängt nicht nur von Merkmalen der Information und der modernen Kommunikationstechnik ab, sondern wird auch durch Faktoren auf personeller, sozialer und organisationaler Ebene beeinflusst. Somit gilt es, für eine nachhaltige gesundheitsförderliche Arbeitsgestaltung die Wechselwirkung von Anforderungen und Ressourcen sowohl vor dem Hintergrund betrieblicher Bedingungen als auch mit Blick auf individuelle Merkmale von Beschäftigten, wie bspw. Berufserfahrungen oder individuelle Umgangsstrategien, im Sinne eines Mehrebenenansatzes zu berücksichtigen. Gestaltungsansätze können vielseitig sein und miteinander kombiniert werden. Da die Beschäftigten selbst eine wesentliche Rolle in der Gestaltung des Informationsaufkommens einnehmen, sind partizipative Ansätze, die die Beschäftigten in den Gestaltungsprozess einbinden, sowohl für die Analyse des jeweiligen Problems als auch für die Ableitung adäquater Gestaltungsansätze unerlässlich, um nachhaltige Veränderungen in der Organisation bewirken zu können.

# 6 Arbeitsintensität gestalten

*Anika Schulz-Dadaczynski*

In den Kapiteln 3 und 4 wurde dargestellt, dass eine hohe Arbeitsintensität ein verbreiteter Belastungsfaktor in der Arbeitswelt ist, der aufgrund seiner möglichen negativen Folgen eine Gefährdung für die Gesundheit der Beschäftigten und auch Unternehmen sein kann. So ist es nicht verwunderlich, dass Arbeitsintensität als ein Schlüsselfaktor im Rahmen der Arbeitsgestaltung mit Blick auf die psychische Gesundheit der Beschäftigten identifiziert wurde (Rothe et al., 2017). Eine zu hohe Arbeitsintensität sollte daher bestenfalls durch geeignete Maßnahmen reduziert werden. Auch die Gemeinsame Deutsche Arbeitsschutzstrategie (GDA) hat sich in ihrem Arbeitsprogramm Psyche darauf verständigt, dass Arbeitsintensität bzw. Zeit- und Leistungsdruck einen branchen- und tätigkeitsübergreifenden Schlüsselfaktor darstellt, der im Rahmen der Gefährdungsbeurteilung psychischer Belastung im Betrieb ermittelt, beurteilt und gestaltet werden sollte (GDA, 2017).

**Arbeitsintensität ist bei der Arbeitsgestaltung ein Schlüsselfaktor**

Der erste und bevorzugte Weg bei der Gestaltung sollte immer sein, eine zu hohe Arbeitsintensität zu reduzieren bzw. abzubauen, d.h. die Belastung *direkt* über bedingungsbezogene bzw. verhältnisorientierte Maßnahmen zu gestalten. Mit dieser direkten Gestaltung wird sich der folgende Abschnitt 6.1 befassen. Parallel ist jedoch auch darauf zu schauen, wie Beschäftigte und Betriebe mit einer vorhandenen zu hohen Arbeitsintensität bzw. mit bestehendem Zeit- und Leistungsdruck umgehen und welche Faktoren für einen guten Umgang mit dieser Belastung nötig sind, was einem eher verhaltensorientierten Ansatz entspricht, über den eine *indirekte* Gestaltung erfolgen kann (Stab & Schulz-Dadaczynski, 2017). Mit dieser indirekten Gestaltung wird sich Abschnitt 6.2 auseinandersetzen.

**Die direkte Gestaltung über bedingungsbezogene bzw. verhältnisorientierte Maßnahmen sollte immer der erste und bevorzugte Ansatz sein**

## 6.1 Direkte (verhältnisorientierte) Gestaltung von Zeit- und Leistungsdruck

Eine direkte Gestaltung zu hoher Belastung über bedingungsbezogene bzw. verhältnisorientierte Maßnahmen sollte immer angestrebt werden, auch bei zu hoher Arbeitsintensität bzw. Zeit- und Leistungsdruck[18]. Das Ziel hierbei ist es, hohe Belastung zu reduzieren, d.h. Zeit- und Leistungsdruck zu verringern. Einhergehend mit dem Verständnis von Arbeitsintensität und ihren drei Facetten (vgl. Kapitel 2) richten sich Gestaltungsbemühungen immer auf das bestehende Ungleichgewicht zwischen der innerhalb der *Arbeitszeit* in der erforderlichen *Qualität* zu erledigenden

**Die direkte Gestaltung von Arbeitsintensität zielt auf die Reduktion des Ungleichgewichts zwischen Menge, Zeit und Qualität**

18 In den folgenden Abschnitten wird von Zeit- und Leistungsdruck und nicht von Arbeitsintensität gesprochen, da dieser Begriff in der Praxis viel eher verwendet wird, um von einer zu hohen Arbeitsintensität zu sprechen (vgl. dazu auch Abschnitt 2.2).

*Arbeitsmenge.* Ziel ist eine Reduktion dieses Ungleichgewichts, indem (1) die zur Verfügung stehende Arbeitszeit erhöht bzw. die benötigte Arbeitszeit verringert wird, (2) die zu erledigende Arbeitsmenge verringert wird und/oder (3) die erforderliche Qualität bzw. Arbeitstiefe reduziert wird. Hieraus ergeben sich für die Gestaltung die drei übergreifenden Ansatzpunkte Menge, Zeit und Qualität.

Bei der Gestaltung von Zeit- und Leistungsdruck spielen auch die Ursachen bzw. Entstehungsbedingungen für Arbeitsintensität eine Rolle, da diese oftmals konkrete Ansatzpunkte für eine Reduktion darstellen. Nachfolgend werden deshalb sowohl wesentliche Ursachen vorgestellt (Abschnitt 6.1.1) als auch darauf aufbauende Gestaltungsmöglichkeiten (Abschnitt 6.1.2), die sich auf die Ansatzpunkte Menge, Zeit und Qualität beziehen, und anhand von Auszügen aus Interviews mit Beschäftigten illustriert werden. Abschnitt 6.1.3 beschäftigt sich unter der Überschrift „Gestaltungswissen" mit ausgewählten, konkreten Gestaltungsmöglichkeiten, die im Rahmen von betrieblichen Interventionsstudien getestet wurden, und die sich vor diesem Hintergrund für eine direkte Gestaltung von Arbeitsintensität bewährt haben.

**Datenbasis**

Die Basis der nachfolgenden Ausführungen sind drei unterschiedliche Forschungsprojekte der Bundesanstalt für Arbeitsschutz und Arbeitsmedizin (BAuA), die sich anwendungsorientiert und in Kooperation mit Betrieben mit Gestaltungsmöglichkeiten bei Zeit- und Leistungsdruck beschäftigt haben. Im ersten Projekt wurden in einem Verbund aus soziologischen und arbeitspsychologischen Forschern „Arbeitsorganisatorische Entstehungszusammenhänge, Bewältigungsstrategien und Gestaltungsmöglichkeiten" untersucht (Laufzeit 2012 bis 2016; Dunkel & Kratzer, 2016; Handrich, Koch-Falkenberg & Voß, 2016; Schulz-Dadaczynski & Junghanns, 2014). Das zweite Projekt setzte sich mit Arbeitsintensität im Rahmen der psychischen Gesundheit in der Arbeitswelt auseinander (Laufzeit 2014 bis 2017; Stab, Jahn & Schulz-Dadaczynski, 2016). Im dritten Projekt wurde der betriebliche Umgang mit psychischer Belastung im Rahmen der Gefährdungsbeurteilung untersucht (Laufzeit 2015 bis 2019; Beck, Schuller & Schulz-Dadaczynski, 2017; Beck & Schuller, 2020).

### 6.1.1 Zentrale Ursachen von Zeit- und Leistungsdruck

**Die Ursachen von Zeit- und Leistungsdruck sind wichtige Ansatzpunkte für Gestaltungsempfehlungen**

Für einen Abbau von Zeit- und Leistungsdruck ist es wichtig, die Ursachen zu kennen, um entsprechende Maßnahmen direkt an den zugrundeliegenden Problemlagen ansetzen zu können. Oftmals spielen jedoch mehrere Ursachen eine Rolle, sodass teilweise komplexe Entstehungszusammenhänge für Zeit- und Leistungsdruck berücksichtigt werden müssen. Ebenfalls einbezogen werden müssen die jeweilige Umwelt eines Betriebs bzw. das System, in dem ein Betrieb agiert, d.h. bspw. das Gesundheitssystem für ein Krankenhaus oder das Bildungssystem für einen Weiterbildungsträger, denn hier werden die Weichen für Ursachen auf der betrieblichen Ebene gestellt.

Betriebliche Akteure schildern überwiegend sehr spezifische Problemlagen für hohen Zeit- und Leistungsdruck. Einige Ursachen werden jedoch immer wieder – in unterschiedlichen Projekten von verschiedenen Betrieben und auch in der Literatur – beschrieben und scheinen somit von übergreifender, zentraler Bedeutung zu sein.

Eine der am häufigsten geschilderten Ursachen, die sozusagen die Basis für zu hohen Zeit- und Leistungsdruck darstellt, ist eine zu *geringe Personalausstattung* bzw. *Personalknappheit*. Diese kann sich aus einer generell zu geringen Personalausstattung, aber auch aus einer reduzierten Verfügbarkeit von Personal, bspw. in der Urlaubszeit, bei häufiger Personalfluktuation oder Personalausfall durch Krankheit, ergeben. Eine Führungskraft aus einem Versicherungsunternehmen beschreibt diese Problematik wie folgt:

**Eine der am häufigsten geschilderten Ursachen für hohen Zeit- und Leistungsdruck ist Personalknappheit**

> „Das Kernstück [von Zeit- und Leistungsdruck] ist natürlich Personalabbau. Solang ich zurückdenken kann, wurde immer weiter Personal abgebaut, es wurde immer mehr verdichtet. Häufig mit der Ansage, dafür eine bessere technische Unterstützung zu geben. Und die ist in dem Maße bis heute nicht da. Das heißt also, Personal ist verloren gegangen und die technische Unterstützung fehlt immer noch. Und dadurch steigt die Belastung."

Daneben scheint eine weitere zentrale Ursache eine *gestiegene Komplexität* bzw. *Vielfalt* bei der Arbeit zu sein. Die gestiegene Komplexität ergibt sich zum einen aus einer stark angewachsenen Produktvielfalt bzw. erweiterten Produktpaletten. Dies gilt auch für den Dienstleistungsbereich, in dem sich das Spektrum an angebotenen Dienstleistungen oftmals stark erhöht hat. Zum anderen sind auch die Produkte selbst – bspw. Software-Produkte oder Elektronik – komplexer geworden. Das zieht erhöhte Anforderungen an die Beschäftigten nach sich, die bei ihrer Tätigkeitsausübung die gestiegene Komplexität sozusagen „bedienen" müssen. Auch dazu äußert sich die Führungskraft des Versicherungsunternehmens:

**Komplexität und Vielfalt bei der Arbeit steigen und tragen zu Zeit- und Leistungsdruck bei**

> „Belastung steigt auch dadurch, also früher hatte der Mitarbeiter ein System und einen Kundenkreis und ein Tarifgebiet. Heute hat er fünf Tarifgebiete, fünf Systeme. Das heißt also, er muss ein größeres Fachwissen vorhalten. Er muss an seinem Arbeitsplatz am Bildschirm zwischen unterschiedlichen Masken hin- und herspringen."

Hinzu kommt eine *Beschleunigung* bzw. *zunehmende Schnelllebigkeit* in der Arbeitswelt. Diese drückt sich bspw. in verkürzten Produktlebenszyklen oder verkürzten Entwicklungszeiten für Produkte, aber auch kürzeren Verweildauern von Patient:innen im Krankenhaus oder veränderten Zyklen bei Projektarbeit aus. Ein Beschäftigter eines großen IT-Konzerns beschreibt letzteres wie folgt:

**Die Arbeitswelt wird schnelllebiger**

> „Ein Grund dafür [Zeit- und Leistungsdruck] ist, früher gab es eine Abteilung, die hat Projekte gemacht, und da gab es Hochphasen und dann war das Projekt zu Ende und dann gab es wieder ein bisschen Erholungsphase und dann wieder ins Projekt. Heute ist es typischerweise so, wenn ich ins Projekt gehe, wird 100 Prozent Leistung erwartet, also Einarbeitung möglichst null. Dann bis zum Ende hohe Leistung, dann fällt das Ding [Projekt] auch schlagartig runter und ich bin aber gefordert, möglichst gleich ins nächste Projekt zu gehen. Das heißt, ich habe diese Erholungs-

phase nicht mehr. Das ist also so ein Beispiel, wie sich generell die Arbeitswelt geändert hat."

**Erwartungshaltungen an die Beschäftigten sind gestiegen**

Komplexität und Beschleunigung schlagen sich auch in den Beziehungen zu Kund:innen, Klient:innen oder Patient:innen nieder, die oftmals erwarten, dass ihren Ansprüchen sehr schnell und umfassend Rechnung getragen wird. Somit werden *gestiegene Erwartungshaltungen* als weitere zentrale Ursache für Zeit- und Leistungsdruck thematisiert. Diese entfalten ihre Wirkung umso mehr, je höher die wirtschaftliche Abhängigkeit von den Kund:innen bzw. je größer die Konkurrenzsituation ist, wie die Inhaberin eines Friseursalons beschreibt:

> „Und dann ist doch wieder der Kunde der wichtige. Und ich muss auch dazu sagen, wir haben auch immer wieder die Erfahrung gemacht, sagt man einmal nein, kann eine Kundin weg sein. Was traurig ist, aber immer wieder diese Erfahrung, also versucht man schon, nicht nein zu sagen. Dann wird geschoben, dann wird eher angefangen, dann wird länger gemacht, also um die Kundin halt auch noch zufriedenzustellen. Ja, leider. Und das hat man immer im Hinterkopf. Weil es sind ja Unkosten da und man kämpft auch um jeden Kunden. Wir haben hier im Ort selber eins, zwei, drei, vier, fünf, sechs Friseure."

**Die Auslastung in Betrieben ist nicht immer gleichmäßig**

Zudem führen *zeitlich ungleich verteilte Aufträge oder Servicenachfragen im Dienstleistungsbereich,* aber auch *saisonal-bedingt erhöhte Auftragszahlen* oftmals zu einer phasenweisen Verschärfung der Belastungssituation durch Zeit- und Leistungsdruck. Ein Beschäftigter in einem metallverarbeitenden Unternehmen äußert sich diesbezüglich wie folgt:

> „Nein, die Auftragslage ist leider, also, wir haben wirklich Schwankungen. Wir hatten jetzt einen Monat Januar, da haben wir 470.000 Euro Umsatz gehabt. Und wir haben im Oktober/November über eine Million. Und fahren im Grunde genommen fast mit demselben Personalstamm durch das Jahr."

**Regelmäßige „Zeitfresser" bei der Tätigkeitsausübung sorgen ebenfalls für Zeit- und Leistungsdruck**

Zuletzt dürfen als Ursachen von Zeit- und Leistungsdruck nicht die *„Zeitfresser"* vergessen werden, die *im Rahmen der Tätigkeitsausübung* auftreten, und die in der Summe die zur Verfügung stehende Arbeitszeit stark beschränken können, wie bspw.

- illegitime Aufgaben, d.h. Aufgaben, die von den Beschäftigten als unzumutbare oder unnötige Zusatzaufgaben empfunden werden (Semmer et al., 2019)
- Störungen und Unterbrechungen, z.B. durch nicht funktionierende Technik/Arbeitsmittel oder fehlende bzw. unvollständige Informationen
- viele Schnittstellen und dementsprechende Erfordernisse für Absprachen und Abstimmungen
- Unklarheiten bei der Tätigkeitsausübung und daraus resultierende Doppelarbeiten oder Zusatzaufwand
- Mobilitätsanforderungen durch lange Wege im Betrieb oder regional verteilte Niederlassungen

Die beschriebenen Ursachen sind wichtige Stellschrauben zur Gestaltung von Zeit- und Leistungsdruck und bauen somit die Brücke zu Gestaltungsmöglichkeiten. Auf die verschiedenen Möglichkeiten der direkten (verhältnisorientierten) Gestaltung von Zeit- und Leistungsdruck wird im folgenden Abschnitt eingegangen.

### 6.1.2 Gestaltungsmöglichkeiten bei Zeit- und Leistungsdruck

Die größte und immer wieder thematisierte Stellschraube, um Zeit- und Leistungsdruck zu reduzieren bzw. gar nicht erst entstehen zu lassen, ist eine *angemessene Personalausstattung* für die im Betrieb anfallende Arbeit in Relation zu der zur Verfügung stehenden Zeit. Somit bemühen sich Betriebe oftmals um phasenweise oder generelle Personalaufstockungen bzw. die Schaffung zusätzlicher Stellen. Aufgrund der wirtschaftlichen Zwänge, denen Betriebe unterliegen, stoßen diese Bemühungen jedoch oftmals an ihre Grenzen und zusätzliches Personal lässt sich nicht realisieren, zumindest nicht zeitnah und/oder im tatsächlich erforderlichen Umfang.

**Eine angemessene Personalausstattung ist eine sehr wichtige, jedoch häufig schwer zu realisierende Gestaltungsmaßnahme**

In diesen Fällen zielen dann viele Betriebe auf eine *Reduktion der Menge an Arbeit* und setzen entsprechende Maßnahmen um. Dazu gehören bspw. das Outsourcing von Teiltätigkeiten oder Aufträgen an externe Dienstleister, die Reduktion der Kund:innen- oder Klient:innenanzahl oder die Einschränkung des Angebots- bzw. Leistungsspektrums. Letzteres schildert eine Führungskraft eines sozialpsychiatrischen Unternehmens:

**Durch verschiedene Maßnahmen kann die Menge an Arbeit reduziert werden**

> „Jetzt als Beispiel Wochenenddienste, da sind die hauptamtlichen Mitarbeiter Samstag und sonntags und feiertags von 13:30 bis 20:00 Uhr da als Ansprechpartner, wenn irgendetwas ist. Es ist vormittags eine Nachtbereitschaftskraft da, also kein therapeutischer Mitarbeiter, sondern nette Leute, die sich so um die Regeln kümmern. Und Hintergrund war, wenn irgendwas krisenhaft ist oder wie auch immer, ist einer von uns Erfahrenen mit den Leuten da und kann das managen. Das haben wir bisher immer so gemacht. Jetzt durch den Wegfall von zwei Kollegen, oder drei Stellen waren nicht besetzt teilweise sogar, das ist in einem Team mit 12 Leuten, sage ich mal, natürlich, 25 Prozent sind eine ganze Menge. Und irgendwann ist Schicht im Schacht, wie man so sagt. Und da hatte ich die gute Idee, nach dem Motto, dann lassen wir das mit dem Samstagsdienst. Wir machen nur Sonntagsdienst. Die Nachtmannschaften machen den Samstag allein Früh- und Spätdienst. Und wir sind nicht alle vier Wochen dran oder noch häufiger. Wir sind jetzt letztendlich alle sechs bis acht Wochen dran. Und darüber waren alle sehr froh."

Daneben zielen viele Betriebe auf eine möglichst *gleichmäßige Verteilung der anfallenden Arbeit*, d.h. sie versuchen eine zeitlich möglichst gleichmäßige Auslastung des Betriebes mit Arbeitsaufträgen bzw. Projekten zu erreichen, unter Vermeidung von Auftragsspitzen und Überschneidungen. Ein Hufschmied schildert diesbezüglich bspw. die konkrete Maßnahme der autonomen Verwaltung der Beschlagintervalle der Pferde, d.h. nicht die Kund:innen melden sich zur Terminvereinbarung, sondern der Hufschmied schlägt Termine vor und nimmt diese manchmal sogar in Abwesenheit der Pferdebesitzer:innen autonom wahr:

**Eine möglichst gleichmäßige Auslastung mit Arbeitsaufträgen und Projekten sollte angestrebt werden**

> „Das ist natürlich der Vorteil, eben durch die Technik, dass wir halt einigen Kunden den Service bieten, dass sie sich gar nicht mehr um die Beschlagintervalle kümmern müssen. ... Und da führen wir Excel-Tabellen mit den Namen. Und wir sagen nur Bescheid: ‚Wir sind dann und dann da.' Und dann sind die Pferde da, und dann beschlage ich die und dann fahre ich wieder weg. Da brauche ich keinen fragen oder irgendwas, da habe ich dann freie Handlung, und er [der Kunde] ist total zufrieden. Der war sonst auch immer so nervig, überhaupt dann die Terminfindung

und welche Pferde dran sind und so und so, und jetzt haben wir uns eben darauf geeinigt. Und das ist also für mich zum Arbeiten gut."

**Aufgaben- und arbeitsablaufbezogene Maßnahmen können die für die Aufgabenerledigung zur Verfügung stehende Arbeitszeit erhöhen**

Zusätzlich zielen Betriebe auf eine *Reduktion der zur Aufgabenbewältigung benötigten Arbeitszeit* bzw. *eine Erhöhung der zur Verfügung stehenden Arbeitszeit* und wenden hierzu diverse *aufgaben- und arbeitsablaufbezogene Maßnahmen* an. Zu ihnen gehören vor allem Maßnahmen zur Optimierung von Arbeitsabläufen bzw. Prozessen im Sinne einer möglichst effizienten Aufgabenerledigung. Prozesse werden vereinfacht bzw. verschlankt, indem bspw. Schnittstellen oder Dokumentationsanforderungen reduziert werden. Zudem wird oftmals versucht, Störungen und Unterbrechungen zu reduzieren, die Verfügbarkeit von Ansprechpartnern und Informationen sicherzustellen und Unklarheiten und damit auch Doppelarbeiten oder Zusatzaufwand durch Nachfragen u.Ä. zu vermeiden. Eine Mitarbeiterin der Personalabteilung aus einem Unternehmen für Labordienstleistungen schildert dies wie folgt:

> „Aber gerade solche Sachen wie, dass Prozesse einfach optimiert werden müssen, da sind wir ja schon bei, dass es für die Leute dann einfacher ist, Sachen abzuarbeiten oder sie dann schneller abarbeiten können. Und dadurch natürlich nicht die Probenmenge kleiner wird, aber wenn das halt vereinfacht ist, das Verfahren, schaffen sie ja dann halt auch mehr in kürzerer Zeit und haben diesen Zeitdruck nicht so. Genau."

Manchmal erfolgt der gezielte Einsatz bestimmter Arbeitsmittel für eine effizientere Aufgabenerledigung oder es werden sogar recht weitreichende Umstrukturierungen in Unternehmen vorgenommen. Ein Beschäftigter eines Verpackungsherstellers beschreibt ein Bündel an umgesetzten Maßnahmen:

> „Wir haben deshalb Abteilungen verändert. Wir haben zum Beispiel einen Projektabwickler rausgenommen und in die Warenannahme gesetzt. Und der kümmert sich nur noch um diese Transporte. Also, dass diese Projektabwickler sich praktisch gar nicht mehr um diese Transporte Gedanken machen müssen, ne? Die können ihr Projekt abwickeln. Also wir haben teilweise neue Jobs geschaffen, sage ich mal so, die es vorher gar nicht gab, um da irgendjemand zu entlasten. Und wir haben Telefonanrufe aufgelistet. Zum Beispiel: Warum laufen da die ganzen Telefonanrufe? Und was sind das für Telefonate? Betreffen die überhaupt die Abteilung? Wir haben sogar die Telefonzentrale für fast ein ganzes Jahr abgegeben. Extern. Die haben das für uns gemacht. Die haben dann wirklich so wie so eine Statistik angefertigt: ‚So und so viele Anrufe waren für die Projektabwicklung. Und so und so viele Anrufe sind wirklich für die Warenannahme'."

**Maßnahmen zur Reduktion der Arbeitstiefe oder -qualität werden kaum geschildert**

Maßnahmen, die zur Gestaltung von Zeit- und Leistungsdruck auf eine *generelle Reduktion der erforderlichen Arbeitsqualität bzw. -tiefe* zielen, werden hingegen kaum geschildert. Diese erfolgen eher temporär und punktuell im Sinne eines guten Umgangs mit vorhandenem Zeit- und Leistungsdruck (siehe Abschnitt 6.2.2.1). Einzig die Vereinbarung realistischer Ziele und Leistungsstandards wird häufiger als generelle Maßnahme beschrieben, wie sie oftmals im Rahmen von Mitarbeitergesprächen oder betrieblichen Aushandlungsprozessen erfolgt (Dunkel & Kratzer, 2016).

Der folgende Abschnitt widmet sich ausgewählten, konkreten Gestaltungsmöglichkeiten, die in betrieblichen Interventionsstudien untersucht wurden.

### 6.1.3 Gestaltungswissen: Gestaltungsempfehlungen aus betrieblichen Interventionsstudien

*Nicole Stab*

Um Arbeitsintensität zu gestalten, ist es von Vorteil, wenn auf bereits vorhandenes und vor allem erprobtes Wissen zurückgegriffen werden kann. Es gibt viele Empfehlungen zur Gestaltung von Arbeitsintensität, die sich in der betrieblichen Realität bereits bewährt haben und erfolgreich angewendet werden (siehe Abschnitt 6.1.2). Gestaltungsempfehlungen, die im Rahmen wissenschaftlicher Studien aber tatsächlich erprobt und evaluiert wurden, gibt es demgegenüber sehr viel seltener. Es gibt nur wenige Interventionsstudien (zum Begriff siehe den folgenden Kasten) zum Thema. Wie aussagekräftig sie in Bezug auf Arbeitsintensität sind und welchen Erkenntnisgewinn sie liefern, wird im Folgenden betrachtet.

**Interventionsstudien können einen wichtigen Beitrag zur Gestaltung von Arbeitsintensität leisten**

**Interventionsstudien**

*Interventionsstudien* haben im Vergleich zu anderen Studientypen eine sehr hohe Aussagekraft. Da sie aufgrund ihres experimentellen Designs Einflussgrößen weitestgehend kontrollieren, können die Auswirkungen durch die Einführung einer Maßnahme gezielt ermittelt werden. Es kann beispielsweise untersucht werden, wie sich eine Veränderung des Arbeitsablaufs auf die Mitarbeiter:innen auswirkt. Ein möglicher Effekt wird gemessen, indem man die Mitarbeiter:innen vor und nach Einführung der Maßnahme befragt oder auch, indem andere Parameter vor und nach Einführung der Maßnahme verglichen werden. Das können verschiedene Daten sein wie bspw. der Krankenstand, physiologische Parameter oder auch betriebliche Daten, wie Durchlaufzeiten oder Wartezeiten.

Randomisierte kontrollierte Studien weisen das beste Design auf, um die Einführung von Maßnahmen und deren Effekte zu untersuchen. *Kontrolliert* bedeutet, dass zwei oder mehrere Gruppen gebildet und miteinander verglichen werden: eine Interventionsgruppe, bei der die Maßnahme eingeführt wird, und eine oder mehrere Vergleichsgruppen ohne Maßnahme. *Randomisiert* werden die beiden Gruppen, indem die Teilnehmer:innen zufällig den Gruppen zugeordnet werden und dabei so identisch wie möglich bleiben, d.h. dass sie in entscheidenden Merkmalen, wie Alter, Geschlecht etc. möglichst ähnlich sind.

Um Interventionsstudien zum Thema Arbeitsintensität zu finden, wurden verschiedene wissenschaftliche Datenbanken durchsucht. Es wurden Studien von 2000 bis 2017 einbezogen. Die Suche und erste Sichtung der Studien ergab zunächst eine Anzahl von 231 Studien. Nach intensiver Prüfung konnten schließlich jedoch nur noch acht Studien gefunden werden, die tatsächlich eine Intervention enthielten und bei denen Arbeitsintensität vor und nach Einführung der Intervention gemessen wurde. Die Ermittlung der Arbeitsintensität erfolgte dabei in allen Studien durch eine Befragung der Mitarbeiter:innen, die die Intensität ihrer Arbeit einzuschätzen hatten.

Die acht Studien sind in Tabelle 7 dargestellt. Zwei Studien behandeln die gleiche Stichprobe, einmal ein und einmal vier Jahre nach der Intervention, deshalb werden sie zusammen betrachtet. In vier Studien werden Krankenhausmitarbeiter:innen, in der Regel Pflegende, einbezogen, in drei Studien werden Mitarbeiter:innen von ambulanten und sozialen Diensten sowie Lehrer:innen untersucht. In drei Studien gibt es keine Kontrollgruppe, während vier Studien eine Kontrollgruppe berücksichtigt haben. Die Zuordnung zu den Gruppen fand in keiner der Studien randomisiert statt. Die Mitarbeiter:innen gehörten festen Teams an und konnten somit nicht zufällig Gruppen zugeteilt werden. Auch die Teams oder Stationen wurden nicht zufällig ausgewählt. Vielmehr wurden zu den Arbeitsbereichen, die eine Intervention erhielten, ähnliche Arbeitsbereiche als Kontrollgruppe ergänzt.

#### 6.1.3.1 Welche Maßnahmen wurden in den Studien umgesetzt?

In vier Studien wurden vielfältige Maßnahmen umgesetzt (Aust et al., 2010; Bourbonnais et al., 2006, 2011; Rickard et al., 2012; Taris et al., 2003). Zwei Studien beinhalteten neben direkt arbeitsbezogenen organisatorischen Maßnahmen auch personenbezogene Maßnahmen, wie ein Coaching für Führungskräfte (Aust et al., 2010) oder Vergünstigungen für die Mitarbeiter:innen (Taris et al., 2003). Organisatorische Maßnahmen zielten auf die

- Verringerung krankheitsbedingter Abwesenheit bzw. deren Ausgleich,
- Rollenklarheit (d.h. der Inhalt der Arbeitsaufgaben, Arbeitsmethoden und Prioritäten ist klar geregelt und der Mitarbeiter oder die Mitarbeiterin ist sich seiner oder ihrer Rolle innerhalb der Organisation bewusst),
- Zusammenarbeit im Team und mit anderen Berufsgruppen,
- Kommunikation,
- Qualifizierung und
- sonstige Maßnahmen, wie z.B. die ergonomische Gestaltung des Arbeitsplatzes.

In einer Studie wurde die Wirkung von Supervision auf die Mitarbeiter:innen in der Pflege im Krankenhaus geprüft (Koivu et al., 2012). In zwei Studien fehlen Angaben zu konkret umgesetzten Maßnahmen (Nylén et al., 2017; van Wingerden et al., 2017).

**Die in den Interventionsstudien umgesetzten Maßnahmen sind sehr vielfältig und global**

Insgesamt sind die umgesetzten Maßnahmen sehr vielfältig und global. Die erzielten Wirkungen lassen sich aufgrund der Fülle realisierter Einzelmaßnahmen innerhalb einer Intervention allerdings nicht auf konkrete Maßnahmen beziehen. Auch führen ähnliche Maßnahmen nicht zu ähnlichen Ergebnissen: Beispielsweise wurde in den Studien von Bourbonnais et al. (2006, 2011) sowie von Rickard et al. (2012) neben vielfältigen anderen Maßnahmen auch Personal aufgestockt, wobei sich dies nicht gleichermaßen in der erlebten Arbeitsmenge und im Zeitdruck der Mitarbeiter:innen widerspiegelte. Während in der Studie von Bourbonnais et al. (2006, 2011) eine signifikante Verringerung der erlebten Arbeitsmenge, der geistigen Anforderungen sowie des Zeitdrucks zu verzeichnen ist, können bei Rickard et al. (2012) keine statistisch bedeutsamen Veränderungen ermittelt werden. Beide Studien ähneln sich in der untersuchten Stichprobe und der Bandbreite der umgesetzten Maßnahmen sehr, kommen aber zu unterschiedlichen Ergebnissen bezüglich der Wirksamkeit der Intervention auf die erlebte Arbeitsintensität.

**Tabelle 7:** Interventionsstudien zum Thema Arbeitsintensität

| Quelle | Stichprobe | Intervention | Umgesetzte Maßnahmen | Personen in IG/KG | Zeitraum | Gruppen-unterschiede | Veränderung IG vorher – nachher |
|---|---|---|---|---|---|---|---|
| Aust, Rugulies, Finken & Jensen (2010) | Krankenhausmitarbeiter:innen (Pflegende, Hebammen, Pflegehelfer etc.) | Workshops (Pflegeteams ohne Führungskräfte in Eigenregie) | • Coaching von Führungskräften<br>• Aktivitäten zur Verbesserung der Arbeitsorganisation, Kommunikation und Kooperation | 128/103 | 16 Monate | IG<KG für das erlebte Arbeitstempo | Verringerung des erlebten Arbeitstempos, aber nicht signifikant |
| Bourbonnais, Brisson & Vézina (2011) | Pflegende und Pflegehelfer | Workshops (von einem Interventionsteam vorgeschlagene und von der Pflegeabteilung übernommene Lösungen) | • Stärkung von Teamarbeit und Teamgeist<br>• Verbesserung der Kommunikation<br>• Personalbesetzung: schnelleres Einstellungsverfahren und neue Stellen<br>• Arbeitsorganisation: Veränderung der Abläufe<br>• Qualifikation: Unterstützung neuer Mitarbeiter:innen durch Anleiter und Schulungen<br>• Ergonomie | 674/894 | 4 Jahre | IG<KG für Arbeitsmenge, geistige Anforderungen und Zeitdruck | Statistisch bedeutsame Verringerung der erlebten Arbeitsmenge, geistigen Anforderungen und Zeitdruck |
| Bourbonnais, Brisson, Vinet, Vézina, Abdous & Gaudet (2006) | | | | 302/311 | 1 Jahr | | |

**Tabelle 7:** Fortsetzung

| Quelle | Stichprobe | Intervention | Umgesetzte Maßnahmen | Personen in IG/KG | Zeitraum | Gruppen-unterschiede | Veränderung IG vorher – nachher |
|---|---|---|---|---|---|---|---|
| Koivu, Saarinen & Hyrkas (2012) | Pflegende und Pflegehelfer | Supervision | • Steigerung der emotionalen Intelligenz durch Reflexion über eigenes Handeln und Interaktion mit Patienten | 84/82 | 4 Jahre | keine | keine |
| Rickard et al. (2012) | Pflegende und Hebammen | Entwicklung und Umsetzung eines Instruments zur Beurteilung der Arbeitsbelastung | • Überprüfung der Dienstpläne, Aufstockung des Personals zur Behebung von Engpässen<br>• verbesserter Zugang zu klinischer Betreuung und Unterstützung für Hochschulabsolventen<br>• verbesserter Zugang zu beruflicher Weiterbildung,<br>• Rekrutierungskampagne für neue Mitarbeiter | 306/– | 2 Jahre | keine Kontrollgruppe | Verringerung der erlebten Arbeitsmenge und Zeitdruck, aber nicht statistisch bedeutsam |

**Tabelle 7:** Fortsetzung

| Quelle | Stichprobe | Intervention | Umgesetzte Maßnahmen | Personen in IG/KG | Zeitraum | Gruppen-unterschiede | Veränderung IG vorher – nachher |
|---|---|---|---|---|---|---|---|
| Taris et al. (2003) | Mitarbeiter:-innen von ambulanten Pflegediensten | Rückmeldung von Befragungsdaten, jeder Pflegedienst setzte Maßnahmen eigenständig um | • neue Protokolle (z. B. Regeln für den Umgang mit sexueller Belästigung, Aggression und Gewalt; Regeln für das Heben von Lasten)<br>• zusätzliches Personal, um die Arbeitsbelastung des anwesenden Personals zu verringern<br>• Durchführung strukturierter Sitzungen zur Aufgaben- und Schichtplanung (mindestens einmal pro Monat)<br>• Beteiligung der Mitarbeiter:innen an der Aufgaben- und Schichtplanung<br>• Beteiligung der Mitarbeiter:innen an der Organisation des Teams oder der Abteilung | 26 563/– | 2,5 Jahre | keine Kontrollgruppe | Statistisch bedeutsame Verringerung der erlebten Arbeitsmenge, geistigen Anforderungen und Zeitdruck |

**Tabelle 7:** Fortsetzung

| Quelle | Stichprobe | Intervention | Umgesetzte Maßnahmen | Personen in IG/KG | Zeitraum | Gruppen-unterschiede | Veränderung IG vorher – nachher |
|---|---|---|---|---|---|---|---|
| | | | • Umstrukturierung der Aufgaben, um informelle Kontaktmöglichkeiten mit Kolleg:innen zu ermöglichen (entweder individuell oder gruppenweise)<br>• Einführung halb-autonomer Teams | | | | |
| Nylén et al. (2017) | Mitarbeiter:-innen von sozialen Diensten | Workshops | • keine Angaben zu umgesetzten Maßnahmen | 40/– | 5 Monate | keine Kontroll-gruppe | Statistisch bedeutsame Verringerung der erlebten Arbeitsmenge |
| Van Wingerden, Derks & Backer (2017) | Lehrer:innen an Förderschulen | Workshops | • keine Angaben zu umgesetzten Maßnahmen | 45/30 | 1 Jahr | keine | keine |

*Anmerkungen:* IG = Interventionsgruppe; KG = Kontrollgruppe

Insgesamt zeigen drei von sieben Studien eine statistisch signifikante Verringerung von Arbeitsintensität nach der Intervention, in vier Studien ist das nicht der Fall. Das legt die Schlussfolgerung nahe, dass neben der Art der Intervention auch weitere Kriterien (z. B. zum Kontext, in den eine Intervention eingebettet ist) eine Rolle spielen. Dies untermauern Hinweise, die durch eine begleitende formative Evaluation gesammelt wurden, bspw. in der Studie von Aust et al. (2010): Es zeigte sich, dass die Qualität der Umsetzung entscheidend für den Erfolg der Intervention ist. In der Studie von Aust et al. (2010) stand ein Coaching der Führungskräfte im Mittelpunkt, während die Teams konkrete Maßnahmen weitestgehend allein umsetzen sollten. Aufgrund der geringen Transparenz, was warum zu tun ist, und der geringen Unterstützung oder vielmehr Befähigung der Mitarbeiter:innen Maßnahmen umzusetzen, konnte sich kein *organisationales Lernen* einstellen, das für den Interventionserfolg so wichtig ist.

**Die Qualität der Umsetzung ist entscheidend für den Erfolg der Intervention**

### 6.1.3.2 Was ist organisationales Lernen und wie entsteht es?

Montano et al. (2014) beschreiben folgende Defizite bei der Umsetzung von arbeitsbezogenen Interventionsmaßnahmen:

**Die Beteiligung der Mitarbeiter:innen ist entscheidend**

- keine oder unzureichende Beteiligung der Mitarbeiter:innen an der Entwicklung von Interventionen,
- entwickelte Interventionsmaßnahmen konnten in der bestehenden Arbeitssituation nicht umgesetzt werden,
- fehlende Unterstützung von Mitarbeitenden und Führungskräften in einem nachhaltigen Umsetzungsprozess,
- unvorhergesehene externe Ereignisse, z. B. organisatorische Veränderungen, Fluktuation, Austausch von Arbeitsstellen.

Bis auf den letzten Punkt sind alle Defizite auf eine mangelnde Beteiligung der Mitarbeiter:innen und Führungskräfte zurückzuführen. Arneson und Ekberg (2005) beschreiben sechs Aspekte, die Mitarbeiter:innen zur aktiven Teilhabe an der Ableitung und Umsetzung von Interventionsmaßnahmen befähigen:

- Reflexion über das eigene Wohlbefinden,
- Erkenntnis, dass es gemeinsame Ansichten über die Arbeit gibt,
- Möglichkeit, Arbeitsprobleme zu diskutieren,
- Wahrnehmung der Zugehörigkeit zur Gruppe,
- soziale Unterstützung zur Veränderung der Arbeit,
- Aktivitäten zur Veränderung der Arbeit.

Diese Aspekte zeigen, dass partizipatorische Prozesse stark mit der Qualität der Gruppen- oder Teamarbeit zusammenhängen. Teams oder Gruppen müssen erst einmal lernen, gemeinsam an solchen Themen zu arbeiten und sich auch offen über Missstände bei ihrer Arbeit auszutauschen. Dabei muss Kritik offen geäußert werden, aber auch angenommen werden können. Vor allem Führungskräfte werden in einem solchen Prozess oft kritisiert und müssen in der Lage sein, damit konstruktiv umzugehen. Dementsprechend bedürfen sowohl Führungskräfte als auch Mitarbeiter:innen der Unterstützung.

**Führungskräfte und Mitarbeiter:innen brauchen Unterstützung**

Durch ein partizipatives Vorgehen können Mitarbeiter:innen erkennen, dass sie gemeinsame Ansichten über ihre Arbeit haben. Diese Ansichten sollten dann untereinander diskutiert werden, damit sich die Mitarbeiter:innen auf diese Weise selbst als Mitglied der Gruppe wahrnehmen (Theorie der sozialen Identität; Haslam et al., 2009). In diesem Zusammenhang beschreiben Landsbergis und Vivona-Vaughan (1995), dass Mitarbeiter, die einer Steuerungsgruppe angehörten, nach einer organisatorischen Intervention im Vergleich zu Mitarbeitern, die nicht einer Steuerungsgruppe angehörten, von einem besseren Wohlbefinden berichteten. Die Reflexion der Arbeit in der Gruppe und die Diskussion über die Arbeit in der Gruppe ließen ein organisationales Lernen entstehen, denn innerhalb der Gruppen üben die Mitarbeiter:innen neue Vorgehensweisen ein und setzen sich – vielleicht zum ersten Mal – mit ihrer Arbeitssituation und möglichen Veränderungen auseinander (Stab & Hacker, 2018). Darüber hinaus nehmen sie soziale Unterstützung und Autonomie wahr und reflektieren über ihr eigenes Befinden (Arneson & Ekberg, 2005; Nielsen & Randall, 2013). Daher verändern sich auch Werte und Praktiken (Argyris, 2004). Das bedeutet, dass Einzelpersonen oder Arbeitsgruppen erkennen, dass die Arbeit aktiv beeinflusst werden kann, wenn Ressourcen zur Erfüllung dieser Ziele mobilisiert werden. Sie gestalten ihre Arbeit proaktiv (Bakker & Demerouti, 2007; Berg, Wrzesniewski & Dutton, 2010), was zur Entwicklung der Persönlichkeit, Wohlbefinden und einer besseren Anpassung des Arbeitsumfelds an die Mitarbeiter:innen führen kann (Nielsen & Abildgaard, 2012; Tims & Bakker, 2010). Somit entfaltet der Spruch „der Weg ist das Ziel" in diesem Kontext volle Gültigkeit, denn nicht nur die Maßnahmen sind entscheidend, sondern auch die Fähigkeit des Teams, diese abzuleiten und umzusetzen (siehe dazu auch Stab & Hacker, 2018).

**„Der Weg ist das Ziel"**

Die Auseinandersetzung mit der Arbeit im Team kann daher bereits einen wichtigen Beitrag leisten.

### 6.1.3.3 Wie ist das durch Interventionsstudien gesicherte Wissen einzuschätzen?

**Die Interventionsstudien liefern wenig konkretes Wissen zur Gestaltung von Arbeitsintensität**

Die dargestellten Interventionsstudien liefern wenig konkretes Wissen zur Gestaltung von Arbeitsintensität. So gibt es bisher keine Studie, die sich ausschließlich mit Maßnahmen oder auch Maßnahmenkombinationen im Sinne des Models nach Trägner (2006) zur Reduzierung von Arbeitsintensität befasst. Zudem betrachten alle gefundenen Studien die erlebte Arbeitsintensität als eine von vielen möglichen Auswirkungen der Intervention. Auch wurde nur eine durch die Mitarbeiter:innen erlebte Veränderung betrachtet, andere Parameter hingegen, wie z. B. reduzierte Durchlaufzeiten, Krankenstand oder physiologische Beanspruchungsindikatoren, wurden nicht berücksichtigt. Es besteht Bedarf an zukünftigen Interventionsstudien, die sich auf einzelne Maßnahmen im besten Falle zu einem konkreten Thema, wie Arbeitsintensität, konzentrieren. Neben der durch die Mitarbeiter:innen erlebten Veränderung sollten dabei auch andere Parameter einbezogen werden. Zudem ist im Rahmen der begleitenden formativen Evaluation darauf zu achten, dass Mitarbeiter:innen beteiligt und befähigt werden, Maßnahmen im eigenen Arbeitsbereich abzuleiten und umzusetzen.

Für die betriebliche Gestaltung von Arbeitsintensität stellt die erst kleine Informationsbasis durch Interventionsstudien jedoch keine Hürde dar, da es bereits eine Fülle von Gestaltungsempfehlungen gibt, die sich zwar nicht in wissenschaftlichen Studien, jedoch in der betrieblichen Praxis bewährt haben und dort erprobt sind (siehe Abschnitt 6.1.2). Betriebe können und sollten sich unabhängig von Interventionsstudien „auf den Weg machen" und diese bereits vorhandenen Gestaltungsempfehlungen aufgreifen und in einem möglichst partizipativen Prozess ausprobieren. Gleiches gilt für die indirekte Gestaltung hoher Arbeitsintensität, mit der sich der nächste Abschnitt beschäftigen wird.

**Betriebe sollten vorhandene Gestaltungsempfehlungen zur Arbeitsintensität aufgreifen und ausprobieren**

## 6.2 Indirekte Gestaltung: Umgang mit Zeit- und Leistungsdruck

*Anika Schulz-Dadaczynski*

Bei hohem Zeit- und Leistungsdruck sollte zunächst immer eine direkte Gestaltung über verhältnisorientierte Maßnahmen angestrebt werden, d.h. der Abbau von Zeit- und Leistungsdruck (vgl. Abschnitt 6.1). In der betrieblichen Realität ist jedoch ein hinreichender oder zeitnaher Abbau oftmals nicht möglich und die direkte Gestaltung stößt (phasenweise) an ihre Grenzen, sodass die Beschäftigten mit dem vorhandenen Zeit- und Leistungsdruck umgehen müssen. Wie Beschäftigte konkret mit Zeit- und Leistungsdruck umgehen und wie sie mit dieser Belastung unter den bestehenden betrieblichen Bedingungen bestenfalls umgehen könnten, soll an dieser Stelle – ergänzend zu Bemühungen der direkten Gestaltung – in den Blick genommen werden.

Generell gibt es sehr unterschiedliche Arten an Umgangsweisen mit Belastungen, wie bspw. die bereits im Rahmen des Job Demands-Resources Model skizzierten Umgangsweisen der Selbstgefährdung („self-undermining") vs. Selbstgestaltung („Job Crafting"), die eher destruktiv bzw. konstruktiv sind (Bakker & Demerouti, 2017; Bornewasser & Wegge, 2018; siehe auch Abschnitt 2.3.6). Forschungsergebnisse zeigen, dass Umgangsweisen mit Belastungsfaktoren eine eigenständige Rolle im Hinblick auf mögliche negative Folgen einnehmen (Baeriswyl et al., 2014; Baethge et al., 2019; Dewe et al., 2010; Kreiner, 2006). Das Augenmerk sollte also auch darauf liegen, welche Umgangsweisen Beschäftigte – alleine, aber auch im Team – wählen und erfolgreich praktizieren (können).

**Umgangsweisen mit Zeit- und Leistungsdruck haben eine eigenständige Relevanz**

**Datenbasis**

Ein Forschungsprojekt der BAuA hat sich genau mit dieser Thematik näher beschäftigt. Das Projekt „Günstige und gesunde Strategien im Umgang mit Zeit- und Leistungsdruck" (Laufzeit Juni 2016 bis Dezember 2019; Schulz-Dadaczynski & Janetzke, 2020) untersuchte, wie Beschäftigte generell in ihrem Arbeitsalltag mit Zeit- und Leistungsdruck umgehen. Dabei standen vor allem günstige, d.h. dem Wohlbefinden der Beschäftigten förderliche Umgangsweisen im Fokus. Zudem wurde ermittelt, welche Voraussetzungen verschiedene Strategien des Umgangs mit Zeit- und Leistungsdruck haben, um erfolgreich im Betrieb angewendet werden zu können. Darüber hinaus wurden auch die Folgen konkreter Umgangsweisen in den Blick genommen.

Zur Bearbeitung dieser Forschungsfragen fanden Fallstudien in fünf unterschiedlichen Betrieben statt. Nach Vorgesprächen und Experteninterviews in den Betrieben stellten Interviews mit Beschäftigten (acht bis zehn pro Betrieb) den Kern der Fallstudien dar. Insgesamt wurden 45 Beschäftigte interviewt, die Tätigkeiten der Dienstleistungs- oder Wissensarbeit ausübten und die regelmäßig mit Zeit- und Leistungsdruck bei ihrer Arbeit konfrontiert waren. Die Interviews hatten eine Dauer von jeweils 60 bis 90 Minuten, wurden aufgezeichnet und im Anschluss verschriftlicht. Die inhaltsanalytische Auswertung der Interviews erfolgte durch zwei Wissenschaftlerinnen.

In den folgenden Abschnitten werden die Projektergebnisse zu unterschiedlichen Umgangsweisen mit Zeit- und Leistungsdruck und ihren Voraussetzungen vorgestellt.

### 6.2.1 Weit verbreitete Umgangsweisen: Arbeitsausdehnung und -intensivierung

**Beschäftigte reagieren mit einer Ausdehnung oder Intensivierung der Arbeit auf Zeit- und Leistungsdruck**

Beschäftigte reagieren mit unterschiedlichen Umgangsweisen auf Anforderungen oder Belastungsfaktoren bei der Arbeit. So investieren die Beschäftigten bei hohem Zeit- und Leistungsdruck oftmals mehr Zeit und Anstrengung (Johnstone & Johnston, 2005; Ng & Feldman, 2008; Podsakoff et al., 2007). Sie dehnen ihre Arbeit also zum einen aus, bspw. indem sie Überstunden machen oder in ihrer Freizeit für Arbeitsbelange zur Verfügung stehen. Zum anderen arbeiten sie während ihrer Arbeitszeit verdichtet bzw. intensiviert, bspw. indem sie sehr schnell arbeiten, Pausen ausfallen lassen oder viele Dinge parallel erledigen. Hierdurch erhöhen die Beschäftigten also entweder die eigentlich vorgesehene und zur Verfügung stehende Arbeitszeit zulasten ihrer Freizeit, um die anfallende Arbeit in der erforderlichen Qualität bewältigen zu können. Oder sie nutzen ihre Arbeitszeit intensiver, oftmals zulasten der eigenen Leistungsfähigkeit (Schulz-Dadaczynski, 2017). So werden Umgangsweisen der Arbeitsausdehnung und -intensivierung auch von einigen Forschern als „Heavy Work Investment“ bezeichnet (Snir & Harpaz, 2012).

**Ausgedehntes und intensiviertes Arbeiten birgt langfristig Risiken**

Andere Forscher behandeln diese Umgangsweisen als „selbstgefährdendes Verhalten“ (Bornewasser & Wegge, 2018; Krause et al., 2014). Allein durch diese Bezeichnungen wird deutlich, dass solche Umgangsweisen zwar der Zielerreichung und der Absolvierung eines hohen Arbeitspensums dienlich sein mögen, aber nicht unbedingt dem Wohlbefinden und der Gesundheit der Beschäftigten. Studien bestätigen Risiken, die – zumindest langfristig – mit diesen Umgangsweisen einhergehen. So konnten Beeinträchtigungen sowohl des Wohlbefindens der Beschäftigten (Baethge et al., 2019; Clark et al., 2016; Ng & Feldman, 2008), ihrer Erholung (Wendsche & Lohmann-Haislah, 2017), ihrer Work-Life-Balance (Holland, 2007) als auch ihrer Gesundheit (Kivimäki et al., 2015; Virtanen et al., 2018) aufgezeigt werden. Hoher Zeit- und Leistungsdruck und daraufhin praktizierte Umgangsweisen der Arbeitsausdehnung und -intensivierung stellen also eine besonders risikoreiche Kombination dar (Schulz-Dadaczynski, Junghanns & Lohmann-Haislah, 2019).

Auch im Forschungsprojekt der BAuA zum Umgang mit Zeit- und Leistungsdruck wurden von allen befragten Beschäftigten Formen der Arbeitsausdehnung und -intensivierung beschrieben. Bezüglich der *Arbeitsausdehnung* berichteten die Befragten vor allem von *Mehrarbeit* in unterschiedlichem Ausmaß, das von „ein paar Überstunden“ bis hin zu monatlicher Mehrarbeit im dreistelligen Stundenbereich reichte. Die Mehrarbeit konnte bestenfalls in Form von Freizeit wieder ausgeglichen, d.h. „abgebummelt“ oder „abgeglitten“ werden. In vielen Fällen war ein solcher Ausgleich jedoch nicht möglich, sodass die Mehrarbeit ausbezahlt, d.h. monetär ausgeglichen wurde. Schlimmstenfalls handelte es sich jedoch um Mehrarbeit ohne jeglichen Ausgleich, welche teilweise inoffiziell oder heimlich von den Beschäftigten geleistet wurde. Darüber hinaus schilderten die Beschäftigten *Arbeit in der Freizeit,* die am Abend oder auch am Wochenende geleistet und nur teilweise (durch Freizeit oder monetär) wieder ausgeglichen wurde. Auch eine *Erreichbarkeit bzw. Verfügbarkeit* nach Feierabend für Arbeitsbelange wurde von den Beschäftigten als weitere Form der Arbeitsausdehnung beschrieben. Diese reichte vom Beantworten kurzer telefonischer Anfragen bis hin zur Aufnahme der Arbeitstätigkeit in der Freizeit. Darüber hinaus wurden sogar der *Verzicht auf Urlaubstage* und *Präsentismus*, d.h. arbeiten trotz Krankheit, aufgrund ansonsten nicht zu bewältigender Anforderungen als weitere Formen der Arbeitsausdehnung geschildert.

**Es werden unterschiedliche Formen der Arbeitsausdehnung und -intensivierung beschrieben**

Tabelle 8 illustriert die von den Beschäftigten beschriebenen Formen der Arbeitsausdehnung durch Zitate aus den Interviews.

**Tabelle 8:** Formen der Arbeitsausdehnung

| Formen der Arbeitsausdehnung | Zitat |
|---|---|
| Mehrarbeit (Überstunden) mit Freizeitausgleich | „Es gibt Momente, wo es viel ist, und dann mache ich auch mal Überstunden. Und dann gibt es die Momente, im Sommer ist vor allem auch weniger, und dann gehen die [Überstunden] auch in der Regel wieder runter.“ |
| Mehrarbeit (Überstunden) ohne Freizeitausgleich, aber monetärer Ausgleich | „Letztes Jahr hatten wir eben eine xy, eine einmalige. Die hat sehr, sehr viel Stunden in Anspruch genommen. Die Stunden haben wir dann auch ausgezahlt bekommen. Weil eben Gleiten gar nicht möglich ist. Einzelne Tage kann man mal gleiten, aber die große Masse an Überstunden, die aufgebaut sind, wurden bei mir in den letzten Jahren eigentlich immer durch eine Erhöhung des Zeitarbeitsvertrages über ein paar Monate dann ausgeglichen.“ |
| Mehrarbeit (Überstunden) ohne jeglichen Ausgleich (weder Freizeit noch monetär) | „Bei uns sind ja die Überstunden meistens dadurch, dass ich so viel Arbeit habe. Das heißt, ich kann sie ja nicht in der Woche drauf abbauen in der Regel, weil ich dann immer noch zu viel Arbeit habe. Also, letztes Jahr sind bei mir 90 Überstunden dann verfallen.“ |

**Tabelle 8:** Fortsetzung

| Formen der Arbeitsausdehnung | Zitat |
|---|---|
| Arbeit in der Freizeit mit Ausgleich | „Und es ist so, dass ich mit der eingeplanten Schreibtischtätigkeit in der Regel nicht auskomme, sodass ich hin und wieder mal, meistens eines Samstags fahre und dann mal nur am Schreibtisch sitze ein paar Stunden. Offiziell macht das Arbeitszeitprogramm das nicht mit, aber inoffiziell habe ich dann eben an irgendeinem anderen Tag mal länger gearbeitet. Und so kommt das ganz gut hin." |
| Arbeit in der Freizeit ohne Ausgleich | „Man dürfte sich die Samstagarbeit genehmigen lassen, ab und zu. Wobei ich das da dann nicht gemacht habe. Wo ich einfach hingegangen bin und gearbeitet habe. (*Interviewer:* Also, das ist Ihre private Zeit dann gewesen?) Ja." |
| Erreichbarkeit/Verfügbarkeit in der Freizeit | „Also, ich bin, also, während der Arbeitszeit ja sowieso, und nach der Arbeitszeit bin ich auch erreichbar. Und gehe da auch ans Telefon. Ja. Das tue ich."<br><br>„Also selbst mit einer reduzierten Stelle bin ich eigentlich jeden Arbeitstag verfügbar. Also, ich bin zwar zwei Tage im Büro, aber wenn irgendwas Wichtiges passiert an einem anderen Tag, dann antworte ich auch. Oder dann setze ich mich schon abends an den Rechner und mache was." |
| Verzicht auf Urlaubstage | „Also, seitdem ich das Kind habe, habe ich angefangen, Urlaub zu nehmen. Vorher habe ich keinen Urlaub genommen, weil das keinen Sinn machte. Weil ich so viele Überstunden hatte, dass ich, hätte ich den Urlaub noch genommen, gar nicht mehr im Büro gewesen wäre." |
| Präsentismus (Anwesenheit bei der Arbeit trotz Krankheit) | „Also, ich muss schon richtig krank sein, damit ich dann tatsächlich auch zu Hause bleibe. Also, gerade, wenn viel zu tun ist, dann habe ich das natürlich auch alles im Hinterkopf. Und ich bin ja auch diejenige in unserem Team, die noch so ein paar andere Rollen hat. Und, ja, ist dann manchmal schwierig zu ersetzen." |

**Auch die Arbeitsintensivierung drückt sich in sehr unterschiedlichen Formen aus**

Bei der *Arbeitsintensivierung* schilderten die Befragten zum einen ein *hohes Arbeitstempo bzw. sehr schnelles Arbeiten*, das sie auch mit „Hektik", „Hetzen" oder „Rotieren" umschrieben. Zudem drückte sich die Arbeitsintensivierung oftmals über den *Ausfall von Pausen* aus. Einige Befragte berichteten, sich bei der Arbeit nach außen „abzuschotten" bzw. wie „in einem Tunnel" zu arbeiten. Hiermit meinten sie jedoch kein Flow-

Erleben, d.h. ein Eintauchen in die Arbeit, das als positiv empfunden wird, sondern eine *notwendige Abschottung* aufgrund ansonsten nicht zu bewältigender Anforderungen. Ein Befragter sagte, er fühle sich dann „wie an den Schreibtisch gefesselt". Auch die Notwendigkeit der Bewältigung einer Vielfalt paralleler Anforderungen findet sich in den Schilderungen der Beschäftigten, der sie durch *Multitasking* bzw. *fragmentiertes Arbeiten* begegnen. Hierbei gehe es auch darum, „zu jonglieren" bzw. „viele Fäden in einer Hand zu halten". Darüber hinaus führten die Beschäftigten notwendiges *Ad-hoc-Handeln bzw. reagieren anstatt agieren* als eine sehr wichtige und anstrengende Komponente des intensivierten Arbeitens an. Schließlich wurden *zwangsläufige Abstriche bei der Qualität der Arbeit* beschrieben, sei es die Qualität der Kundenbetreuung oder der Beziehung zu Patient:innen. Es handelt sich hierbei um Qualitätsabstriche, die von den Befragten nicht gewollt, sondern aufgrund des hohen Zeit- und Leistungsdrucks quasi erzwungen sind.

Tabelle 9 veranschaulicht die beschriebenen Formen der Arbeitsintensivierung wiederum durch Zitate aus den Interviews.

**Tabelle 9:** Formen der Arbeitsintensivierung

| Formen der Arbeitsintensivierung | Zitat |
| --- | --- |
| hohes Arbeitstempo bzw. schnell arbeiten (Hektik, Hetze, Rotieren) | „Ich bin auch eher so ein Typ, der das [hohe Arbeitstempo] gar nicht so richtig merkt. Eigentlich immer nur, wenn die Kollegen das sagen, dass ich auf die Bremse drücken soll und dass das jetzt auch mal einen Tag warten kann." |
| Pausenausfall | „Also, Pausen und auch irgendwie Flurfunkgespräche etc. sind schlichtweg momentan gar nicht drin." |
| im Tunnel arbeiten/abschotten | „Das versuchen, da so ein bisschen in den Tunnel zu kommen letztendlich. Also, wenn man merkt, irgendwie, ich muss jetzt dringend und schnell. Aber das ist dann auch nicht schön, wenn man das dann länger tut, das macht keinen Spaß."<br><br>„Und, ich werde dann kürzer angebunden definitiv. Und, ja, lasse mich dann auch nicht blicken. Also, wir haben es bei uns in der Abteilung dann auch so, dass wir gerne uns morgens eigentlich ja einmal so Hallo sagen. So eine Begrüßungsrunde, so ein Ritual, dass wir sehen: Der ist da und der nicht. Das fällt dann einfach auch mal weg." |
| Multitasking | „Ich mache es wie fast alle Kollegen so, dass ich während der Gespräche mit Patienten dokumentiere. Das ist nicht schön, aber das ist eigentlich die einzige Möglichkeit, es einigermaßen hinzukriegen." |

**Tabelle 9:** Fortsetzung

| Formen der Arbeitsintensivierung | Zitat |
|---|---|
| fragmentiertes Arbeiten (Parallelität) | „Ich habe dann zehn, mindestens zehn parallellaufende Prozesse und bin überall an einer anderen Stelle ... Mein Mann hat letztens gesagt so: ‚Ah, und dann musste ich ja eigentlich jede Viertelstunde was Neues eintragen' [in das Arbeitszeitcontrolling]. Wo ich denke: Ja, ich muss fast alle fünf Minuten was Neues eintragen." |
| Ad-hoc-Handeln (reagieren statt agieren) | „Also, oftmals ist man wirklich in so einem Hamsterrad. Man reagiert dann. Und arbeitet das eigentlich immer nur weg. Und wenn einer einen dann aus diesem Hamsterrad holt, dann realisiert man eigentlich überhaupt erstmal, was man jetzt gerade alles gemacht hat." |
| zwangsläufige Qualitätsabstriche | „Und man hat eigentlich ganz oft gar keine Zeit mehr, auf den Kunden einzugehen. Der möchte viel mehr erzählen. Und es ist oft auch sehr hilfreich, wenn er erzählt. Aber dann steht die Schlange da und man traut sich nicht mehr."<br><br>„Also, man ist dann schon irgendwie kürzer angebunden oder weist auch mehr Sachen von sich. Was eigentlich auch nicht so mein Arbeitsverständnis ist. Also, ich habe schon so einen Unterstützungsanspruch eigentlich. ... Und das ist natürlich dann auch unbefriedigend, wenn man dann viele Sachen auch abweisen muss oder dann auch ein bisschen grantig wird oder so." |

**Die Befragten berichten verbreitet von negativen Folgen der Arbeitsausdehnung und -intensivierung**

Die Befragten der Interviewstudie berichteten verbreitet von negativen Folgen der Arbeitsausdehnung und -intensivierung. Am häufigsten führten Sie Beeinträchtigungen ihres Befindens an, wie vor allem Erschöpfung, aber auch „Dünnhäutigkeit", Gereiztheit oder Schwierigkeiten, von der Arbeit abzuschalten. Einige Befragte berichteten in diesem Zusammenhang von deutlichen Schlafproblemen sowie einer eingeschränkten Schlafqualität, wie bspw. die folgende Befragte:

> „Doch, also ja, das gibt es dann [in Phasen sehr intensivierter Projektarbeit mit überlangen Arbeitszeiten] auch ganz viel mit Träumen, schlechte Träume, gar nicht schlafen, panisch aufwachen und so was. Also, das geht dann schon auch in die Richtung."

Befragte schilderten auch konkrete gesundheitliche Beschwerden, wie z.B. Magenschmerzen, Kopfschmerzen oder Herzrasen. Die berichteten negativen Folgen des intensivierten und ausgedehnten Arbeitens schlugen sich teilweise in Fehlzeiten nieder:

> „Also, es war so, dass ich meine Schlüssel meinem Kollegen in die Hand gedrückt habe und gesagt habe: ‚Ich gehe nach Hause.' Und dann bin ich zum Arzt gegangen und dann war ich krankgeschrieben. Zweieinhalb Wochen. Die Tränen sind nur noch geflossen. Ich war nicht ich selber."

Vor dem Hintergrund der hier geschilderten Auswirkungen solcher Umgangsweisen mit hohem Zeit- und Leistungsdruck ist es wichtig, andere, gesündere Umgangsweisen in den Blick zu nehmen. Im folgenden Abschnitt werden solche im Rahmen der Interviewstudie ermittelten alternativen Umgangsweisen berichtet und illustriert.

### 6.2.2 Alternative Umgangsweisen: Begrenzung und Fokussierung

Im Rahmen der Interviewstudie wurden von den Beschäftigten verschiedene Alternativen im Umgang mit Zeit- und Leistungsdruck geschildert, die bei erfolgreicher Umsetzung die Arbeitsausdehnung und -intensivierung zwar nicht gänzlich verhindern, jedoch zumindest eindämmen. Diese Alternativen können somit als Gegenstrategien zur Arbeitsausdehnung und -intensivierung betrachtet werden. Die Beschäftigten berichteten zum einen Gegenstrategien, um vor allem die Ausdehnung der Arbeit in die Freizeit zu begrenzen. Zum anderen schilderten sie Umgangsweisen, die ihnen ein fokussiertes Arbeiten während der Arbeitszeit ermöglichen, d h. ein konzentriertes Arbeiten an zu einem bestimmten Zeitpunkt wichtigen Tätigkeitsaspekten (z. B. Kernaufgaben, konzeptionelle Tätigkeiten u. Ä.) sowie ein zeitlich entzerrtes Arbeiten. Auf beide Strategien und ihre Formen wird im Folgenden ausführlicher eingegangen.

**Begrenzung und Fokussierung sind Alternativen im Umgang mit Zeit- und Leistungsdruck**

#### 6.2.2.1 Umgangsweisen der Begrenzung

Für die Strategie der Begrenzung konnten insgesamt drei Gruppen an Umgangsweisen identifiziert werden, in denen konkrete Umgangsweisen oftmals als Bündel, d. h. zusammen, von den Befragten angewendet werden. Als eine erste Gruppe wurde die *vorübergehende oder auch langfristige Reduktion der Menge an Arbeit* identifiziert. Hierbei *suchen die Beschäftigten vorübergehend oder auch dauerhaft Unterstützung* oder versuchen, bestimmte *Arbeitsaufträge zu delegieren*. Dies geschieht sowohl in bilateralen Absprachen als auch auf Teamebene oder auch unternehmensextern durch Outsourcing. Zudem versuchen die Beschäftigten, *keine weitere Arbeit „on top"* zu bekommen, indem sie bspw. Zusatzaufgaben oder die Mitarbeit in Projekten u. Ä. aus Kapazitätsgründen ablehnen oder manchmal auch regelrecht abwehren. Damit einhergehend ist ein *offener Umgang mit der eigenen Auslastung bzw. Überlastung* sehr wichtig. Die Beschäftigten erzählen von einer diesbezüglich notwendigen offenen Kommunikation im Team und mit der Führungskraft zur Herstellung von Transparenz über Auslastungen und Kapazitäten.

**Es wurden drei Gruppen an Umgangsweisen der Begrenzung ermittelt**

Eine weitere Gruppe von Umgangsweisen der Begrenzung ist das *Suchen einer Balance zwischen Perfektionismus und Pragmatismus*. Hierbei versuchen die Befragten ein Gleichgewicht zu finden zwischen den eigenen Ansprüchen und den Erwartungen anderer an eine bestimmte Ergebnisqualität sowie der möglichen Ergebnisqualität bei der gegebenen Arbeitsmenge und -zeit. Diesbezüglich schilderten die Beschäftigten häufig, dass es immer wieder um ein *Abwägen von notwendiger und möglicher Arbeitstiefe bzw. Arbeitsqualität* geht, d.h. auch Entscheidungen darüber zu treffen, welche Abstriche gegenüber sich selbst und gegenüber anderen vertretbar sind. Manchmal geht es auch darum, *die Arbeitsweise anderer (Kolleg:innen) und deren Vorstellungen einer adäquaten Arbeitsqualität und -tiefe zu akzeptieren* und „loszulassen". Zudem ist es sehr wichtig, die eigene Arbeitsrolle mit ihren Aufgaben und Zuständigkeiten zu kennen und *Grenzen* dieser Arbeitsrolle gegenüber anderen *aufzuzeigen und zu vertreten*, seien dies Vorgesetzte, Kolleg:innen, Auftraggeber:innen, Kund:innen oder Patient:innen.

Eine Untergruppe von Befragten schilderte zudem die ganz *klare Grenzziehung zwischen der Arbeit und der Freizeit* als eine für sie sehr wichtige Gruppe an Umgangsweisen. Diese Befragten *vermeiden* zum einen *das physische Vordringen der Arbeit in die Privatsphäre*, indem sie Arbeitsmittel – wie bspw. den Laptop oder arbeitsbezogene Dokumente – nicht mit nach Hause nehmen oder trotz bestehender Möglichkeiten kein Homeoffice machen. Durch diese physische Grenzziehung wird zum anderen auch das *mentale Vordringen der Arbeit in die Privatsphäre reduziert.* Letzteres unterstützen diese Beschäftigten zum Beispiel auch dadurch, dass sie Pausen oder Arbeitswege zur Förderung des „Abschaltens von der Arbeit" ganz bewusst gestalten, bspw. indem Arbeitsgespräche in den Pausen vermieden oder Arbeitswege bewusst zu Fuß zurückgelegt werden.

Tabelle 10 veranschaulicht die identifizierten Gruppen an Begrenzungsstrategien mit ihren Formen anhand von Zitaten aus den Interviews.

**Tabelle 10:** Begrenzungsstrategien

| Gruppe | Formen | Zitat |
|---|---|---|
| Reduktion der Menge an Arbeit | (vorübergehende) Unterstützung suchen (in bilateralen Absprachen oder auf Teamebene) | „Wenn ich das einfordere, dann ist es auch möglich, dass mir jemand einen Dienst abnimmt oder mich jemand in einem Klienten unterstützt, dass ich da einen anderen Kollegen mit reinnehme in den Fall. Oder den tatsächlich abgebe, wenn es nicht mehr geht. Also, das, ja, das ist auch ein wichtiger Punkt, das stimmt. Genau. Also auch aktive Entlastung." |
| | | „Also, es gibt hier in xy vier Teams, die sich regelmäßig treffen, um die Arbeit zu planen und zu schauen. Also, wie gesagt, man kann ja was schieben, weil viele Themen haben wir mindestens doppelt besetzt. Und das ist auch okay, wenn jemand sagt: ‚Oh, kannst du das jetzt vielleicht machen?' Oder es bietet auch jemand mal an oder sagt dann: ‚Nein, das mache ich jetzt schnell.'" |

**Tabelle 10:** Fortsetzung

| Gruppe | Formen | Zitat |
|---|---|---|
| | Arbeit delegieren (intern oder Outsourcing) | „Ich habe unter anderem auch die Zuständigkeit hier im Hause gehabt für xy. ... Und die habe ich dieses Jahr tatsächlich outgesourct."<br>„Und ich hatte das dann auch schon längere Zeit immer wieder mit meinem Chef besprochen, dass ich gesagt habe: ‚Es ist zu viel. Es ist mehr geworden. Von den Aufgaben, alleine von den Gesetzen, die entstanden sind.' Und dann war es mal so, dass wir gucken mussten, wer die Arbeit übernehmen kann." |
| | Zusatzarbeit ablehnen/abwehren | „Manchmal blocke ich es auch total ab. Gab es auch so Anfragen xy, ja, ganz kurzfristig. ... Dann sage ich auch so: ‚Nein, wir haben keine Kapazitäten. Geht alles gar nicht.' Und das ging auch."<br>„Also, bei bestimmten Sachen sage ich einfach, dass ich das nicht mache oder, dass ich da keine Zeit für habe. So." |
| | Transparenz herstellen über Auslastung bzw. Überlastung | „Und, ja, auch das eine oder andere dann auch schon mal so wohlweislich Richtung Führungskraft widerspiegle, wo ich sage: ‚Das, das, das und das ist alles noch offen. Das, das und das kommt noch', um sozusagen schon mal vorzubereiten: Achtung, Wasserstandmeldung, Oberkante Unterlippe."<br>„Also, einmal in der Woche sitzen wir zum Mittagessen zusammen und sagen, was so die Woche los ist. Und da erzählt jeder, was er die Woche macht und wie so sein Plan ist. Und meistens kann man ja da schon irgendwie merken, wenn irgendwie gerade so was am Brennen ist. Und es gibt auch immer weiter eine Sensibilisierung dafür, dass die Leute das sagen, wenn halt irgendwie gerade was doof ist. Und dann ist halt immer die Frage: Kann man das irgendwie abnehmen oder kann man was anderes abnehmen?" |
| Suchen einer Balance zwischen Perfektionismus und Pragmatismus | kontinuierliches Abwägen der Arbeitstiefe bzw. der Arbeitsqualität | „Und in dem Zusammenhang habe ich mir jetzt versucht, eben eine Haltung zuzulegen, wo ich den Leuten freundlich gegenüber bleibe, mit denen freundlich kommuniziere, die Möglichkeiten auslote. Gleichzeitig aber auch sozusagen nicht mehr an die Grenze gehe, wie ich es früher manchmal gemacht habe. Und den Leuten dann sage: ‚Also die Sache, die können wir jetzt machen, die Sache können wir nicht mehr machen.'" |

**Tabelle 10:** Fortsetzung

| Gruppe | Formen | Zitat |
| --- | --- | --- |
| | Arbeitsweise anderer akzeptieren/ loslassen | „Und das ist was, ich glaube, da kämpfen wir auch alle mit, also zu sagen: Das ist nicht so, wie ich es machen würde, aber es ist gut genug. Vielleicht ist es sogar besser als das, was ich gemacht hätte ... Einfach das sein zu lassen, so wie es ist, und zu sagen: Okay, das ist jetzt in Ordnung so, wie es ist." |
| | Grenzen der Arbeitsrolle aufzeigen und vertreten | „Also, das kostet einfach tatsächlich sehr viel Kraft, dieses immer wieder abgrenzen zu müssen. Abgrenzen zu müssen zu Klienten, zu Leistungsträgern und eben auch zu Kollegen, die man auf dem Flur trifft. Dieses: ‚Ich habe jetzt keine Zeit.' Oder: ‚Nein, dafür bin ich nicht zuständig.' Oder: ‚Da kann ich nicht.' Eben auch Klienten zu sagen: ‚Dienstag 18:00 Uhr? Nein, da kann ich nicht.'"<br><br>„Das ist eben auch was, was ich mir jetzt für mich als Lösung gedacht habe. Also, die Anregung aus der Mitarbeiterschaft zum einen nur als Anregung und nicht als Auftrag zu sehen. Das ist etwas, was ich mit mir klarmachen muss. Und dann eben auch einen Überblick zu geben, also zu kommunizieren, was ist eigentlich gerade hier meine Aufgabe?" |
| Klare Grenzziehung zwischen Arbeit und Freizeit | Vermeiden des physischen Vordringens der Arbeit | „Ansonsten habe ich aber, wenn ich zu Hause bin oder im Urlaub bin, mit der Arbeit nichts zu tun. Und das finde ich auch absolut wesentlich ... Also, das geht dann so weit, dass ich die Schlüsselbunde nicht mit nach Hause nehmen möchte und so ein Zeugs, von der Arbeit, weil das schon so wie ein Eindringen wäre."<br><br>„Und was ich tatsächlich mache, wenn ich mit dem Auto nach Hause gefahren bin, ich stelle mir immer, wenn ich angekommen bin, den Sitz zurück, nehme nochmal meinen Kalender, trage nochmal meine Arbeitszeit rein. Und vielleicht noch so bewusst Dinge, an die ich morgen noch denken muss. Und mache das eben nochmal im Auto. ... Und nicht zu Hause. Oder auch, wenn nochmal ein Telefonat zu führen ist oder so, was ich bis abends rausschieben musste ... dann mache ich das auf keinen Fall zu Hause, sondern im Auto. Einfach, ja, um so eine bewusste Trennung zu haben." |

**Tabelle 10:** Fortsetzung

| Gruppe | Formen | Zitat |
|---|---|---|
| | Vermeiden des mentalen Vordringens der Arbeit (z. B. bewusste Gestaltung von Arbeitswegen und Pausen) | „Also, ich gehe dann [in der Pause] gezielt woanders hin, als alle anderen hingehen. Sodass ich einfach irgendwie, keine Ahnung, fünf Minuten länger laufe und dafür aber beim Bäcker dann alleine sitze oder vorm Imbiss stehe oder einfach nur irgendwo auf einer Bank sitze und in die Sonne gucke."<br><br>„Ich fahre immer Fahrrad. ... Ich fahre 20 Minuten zurück. Und auf diesen 20 Minuten zurück lasse ich schon mal ein bisschen was auf dem Fahrrad." |

### 6.2.2.2 Umgangsweisen der Fokussierung

**Es wurden zwei Gruppen an Umgangsweisen der Fokussierung ermittelt**

Bei der Strategie der Fokussierung konnten zwei große Gruppen an Umgangsweisen herausgearbeitet werden: Die Befragten hoben vor allem die Wichtigkeit einer *guten Organisation der Arbeit* als erste Gruppe an Umgangsweisen hervor, die ihnen letztendlich ein *zeitlich entzerrtes Arbeiten* während der Arbeitszeit ermöglicht. Hierzu gehört zum einen eine *gute Strukturierung aller anfallenden Arbeitsaufträge*. Die Befragten berichteten, dass sie sich dazu kontinuierlich einen Überblick über die anfallende Arbeit verschaffen und versuchen, diesen Überblick zu behalten. Dabei arbeiten viele Befragte ganz konkret bspw. mit Checklisten, Timelines, Wiedervorlage-Systemen, E-Mail-Ordnerstrukturen u. Ä. Diese Hilfsmittel dienen auch dazu, einen möglichst handhabbaren Mix unterschiedlicher Tätigkeiten zu planen, d. h. bspw. Dokumentationstätigkeiten u. Ä. nicht anzusammeln. Hierbei gilt es auch, regelmäßig *Priorisierungen vorzunehmen*, für sich alleine, aber auch in Rücksprache mit Kolleg:innen und der Führungskraft. Hierzu loten Beschäftigte regelmäßig aus, wie feststehend oder verhandelbar Termine und Fristen und wie relevant und dringlich einzelne Arbeitsaufträge sind, und versuchen, ausreichend Zeitpuffer bzw. Vorlauf zu realisieren. Zudem betonten die Befragten die Wichtigkeit des *vorausschauenden Handelns*, um Engpässe proaktiv zu vermeiden. Es gilt also, möglichst zu agieren, anstatt nur auf Anforderungen zu reagieren und gewisse Probleme und Herausforderungen von vornherein mitzubedenken und einzuplanen.

Als eine zweite Gruppe an Umgangsweisen der Fokussierung konnte die *effiziente und konzentrierte Erledigung der anfallenden Arbeit* identifiziert werden. Hier betonten viele Befragte die Wichtigkeit des störungsfreien Arbeitens, welches zumindest phasenweise gewährleistet sein sollte, und beschrieben konkrete *Umgangsweisen zur Vermeidung von Störungen und Unterbrechungen*. Hierbei handelt es sich bspw. um die Einrichtung von Sprechzeiten bei Interaktionsarbeit, d. h. Arbeit in Interaktion mit Patient:innen/Kund:innen/Klient:innen, die Umleitung des Telefons, die zeitliche Verlagerung bestimmter Tätigkeiten auf ruhigere Tageszeiten oder auch das Aufsuchen stillerer Arbeitsorte im Unternehmen. Zudem berichteten die Befragten von Umgangsweisen zur *Unterstützung ihrer Leistungsfähigkeit*, individuell oder auch im Team. Hier erzählten Befragte bspw. davon, die Arbeit durch die Nutzung von Gleitzeit u.Ä. möglichst optimal dem eigenen Biorhythmus anzupassen. Sie berichteten auch von einer weitestgehend differenziellen, d.h. individuellen Neigungen und Kompetenzen entsprechenden Arbeitsverteilung im Team. Zuletzt schilderten die Befragten diverse Umgangsweisen zur *(Wieder)Herstellung der eigenen Konzentrations- und Leistungsfähigkeit*. Hierbei geht es zum einen darum, sich im Arbeitsalltag immer wieder zu „resetten" (dt. sich zurückstellen) bzw. zu sammeln, indem bspw. bewusst Kurzpausen oder kleine Unterbrechungen eingebaut werden oder gerade in der größten Hektik sortiert oder „ausgemistet" wird, bspw. durch das Löschen von E-Mails oder das Aussortieren von Unterlagen. Auch das bewusste Verschaffen kleiner Erfolgserlebnisse, wie bspw. der Abschluss eines kleinen Arbeitsauftrags oder das Einholen eines kurzen (positiven) Feedbacks wurden diesbezüglich erwähnt.

Tabelle 11 gibt die ermittelten Umgangsweisen der Fokussierung noch einmal wieder und enthält ausgewählte Zitate zur Veranschaulichung.

**Tabelle 11:** Fokussierungsstrategien

| Gruppe | Formen | Zitat |
|---|---|---|
| gute Organisation der Arbeit zum zeitlich entzerrten Arbeiten | Strukturierung der anfallenden Arbeitsaufträge (Überblick verschaffen und behalten) | „Und ich habe eine Struktur, die ich mir sozusagen jährlich anpasse, nochmal auf die spezifischen Erfordernisse, die das jeweilige Jahr und die xy bringen, in den ich mir nochmal Deadlines eintrage, bis wann was abzuarbeiten ist. Und das auch regelmäßig überprüfe."<br>„Ich habe eine total ausgeklügelte Ordnerstruktur ... Ich kann es nicht haben, wenn so eine Art Chaos entsteht und ich nicht mehr den Überblick habe. Sondern ich muss das dann immer abarbeiten, sofort. Oder nicht sofort natürlich, aber dann so verschieben, dass ich weiß, es ist eingeordnet."<br>„Also, was ich daraus [Zeitmanagementseminar] mitgenommen habe, ist, strukturierter irgendwie vor allem so mittel- und langfristig Sachen zu sortieren, um sie nicht aus der Sicht zu lassen. Was halt Stress nimmt, weil ich jetzt das Gefühl habe, besser einen Überblick darüber zu haben, was so zu tun ist." |
| | Priorisierungen | „Ja, oder auch einfach nochmal für mich zu sortieren: Was ist jetzt wirklich wichtig an welchem Tag? Muss ich das jetzt heute alles fertig haben? Also, dass ich mir die Aufgaben nochmal umverteile und Prioritäten setze."<br>„Wenn ich merke, das wird mir jetzt echt alles zu viel, jetzt kommt irgendwie das Fünfte, mir scheint, dass es nicht mehr schaffbar ist, dann gehe ich halt zu |

**Tabelle 11:** Fortsetzung

| Gruppe | Formen | Zitat |
|---|---|---|
| | | den Kollegen hin und sage: ‚Also, ich würde das lieber morgen machen. Es wird mir jetzt echt zu eng.' Und so diese Absprachen funktionieren auch total gut. Wenn das nicht wäre, dann würde ich wahrscheinlich schreien." |
| | Vorausschauendes Handeln („Agieren statt reagieren") | „Man kann dann sagen: ‚Okay, pass auf, ich bin nur noch eine halbe Stunde da, such dir bitte jemand anders.' Aber es gibt ja genauso Tage, wo eben nicht alle da sind, und dann sagt man den Kollegen schon: ‚Hey, wenn du was hast, dann bitte bis elf oder so und nicht erst halb zwölf, zwölf, weil dann wird es bei mir einfach eng.'" |
| | | „Also, mein Anspruch ist es, dass ich quasi versuche, schon vorausschauend zu gucken, dass es läuft. Ich quasi am Anfang der Woche gucke, was für Meetings sind angesetzt? Und proaktiv auf die Kollegen zugehe und frage: ‚Wie viel Leute sind es? Fällt da für uns Arbeit an?' Weil es ganz klar ist, wenn an drei Tagen hintereinander Meetings mit externen Gästen sind, mit jeweils 20 Personen, zieht es eine ganz schöne Logistik nach sich. Und dafür versuche ich die Kollegen zu sensibilisieren." |
| | | „Also, wir hatten ja vor kurzem so ein Zeitmanagementseminar. Und quasi: Wie kann man verhindern, dass aus einer, sage ich mal, Routineaufgabe plötzlich so eine A-Priorität wird, wo man dann quasi so im Notzustand ist? Und auch, wenn es mich erstmal nicht betrifft, weil es der Job eines anderen ist, versuche ich halt, sozusagen auch im eigenen Interesse, proaktiv das zu vermeiden." |
| effiziente und konzentrierte Erledigung der anfallenden Arbeit | Vermeidung von Störungen und Unterbrechungen | „Tatsächlich ist es am Wochenende so, dass ich mir die Zeit [für Klient:innen] auch nehmen kann, weil ich bin ja die einzige Mitarbeiterin im Hause. Und werde nicht fortwährend von Kollegen was gefragt oder das Telefon klingelt nicht. ... Und das führt dazu, dass ich tatsächlich Freiräume habe, um mit den Bewohnern im Kontakt zu sein. ... Also, ich schätze das wirklich sehr, nicht ständig gestört zu werden in Gedankengängen, also, wenn ich auch jetzt am Rechner sitze und was schreibe. Deswegen mache ich das auch vorzugsweise am Wochenende, jetzt einen Hilfeplan schreiben oder so was, weil ich dann nicht fortwährend gestört werde." |

**Tabelle 11:** Fortsetzung

| Gruppe | Formen | Zitat |
|---|---|---|
| | | „Also, wenn ich merke, dass zu viel in einem bestimmten Moment zu tun ist und ich einfach das Telefon erstmal nicht bedienen möchte, das ich dann zu meinen Kollegen stelle. Dann ist erstmal Ruhe. Das ist auch eine ganz wichtige Sache zur Entlastung." |
| | Leistungsfähigkeit unterstützen | „Also, so ganz praktisch beschrieben, was ich dann auch gerne mache, ist, ich bin ein früher Mensch. Also, ich wache früh auf und bin recht früh recht leistungsfähig. ... Und was ich dann gerne mache, ist, dass ich morgens sofort zu Hause zwei, drei, vier Stunden arbeite tatsächlich. Und dann quasi zur Arbeit komme, da dann wieder so eine Arbeitsphase habe, da dann wieder später eine Mittagspause habe. Und dann noch mal eine Arbeitsphase habe. Also, dass ich mir den Tag irgendwie länger mache und zwei größere Pausen da drin habe. Und das funktioniert ganz gut. Also, der Kern ist einfach, dass man, wenn man dann nämlich zur Arbeit fährt, dann hat man quasi wieder diese Pause. Also, dann bin ich halt wieder frischer sozusagen, ne, um dann wieder weiterzuarbeiten. Und dann kommt spät nochmal so eine Mittagspause und dann den Tag noch mehr aufteilen in Arbeitsphasen und Erholungsphasen, so was."<br><br>„Grundsätzlich habe ich schon immer infrage gestellt, wie man so in sehr kopflastigen Berufen den Anspruch haben kann, dass Menschen irgendwie nine to five auf Arbeit gehen und sich hinsetzen und dann nachdenken und Sachen machen und dann kann man nach acht Stunden den Kopf wieder ausschalten und gehen. So funktioniert das bei mir einfach nicht. ... Ich habe mir über die letzten zwei Jahre auf jeden Fall schon, na, auch mit mir selber irgendwie durchgerungen, dass meine Anfangs- und Endzeiten sehr flexibel sind. Also, vor allem im Sommer komme ich manchmal um elf, halb zwölf oder so und arbeite dann unter der Woche halt vielleicht drei Stunden weniger und mache dann noch am Wochenende was. Oder wenn ich weiß, ich habe in zwei Wochen dann irgendwie einen Termin, wo ich irgendwie drei Tage unterwegs bin, dann arbeite ich halt schon mal ein bisschen weniger im Vor- oder Nachhinein, wenn es gerade geht." |

**Tabelle 11:** Fortsetzung

| Gruppe | Formen | Zitat |
|---|---|---|
| effiziente und konzentrierte Erledigung der anfallenden Arbeit | Leistungsfähigkeit wiederherstellen | „Und an solchen Tagen [mit hohem Zeit- und Leistungsdruck] passiert es dann, dass ich egal, was los ist, mich hinsetze und erst einmal nur anfange zu sortieren. Und einfach nur Ablagen mache. Oder irgendwas. Aber erst einmal den ganzen Schrank sozusagen ausräume und gucke: Was habe ich da? Und dann fange ich an wegzuschmeißen. Aber dann kriege ich an solchen Tagen besonders dieses Gefühl: Ich muss jetzt aufräumen."<br>„Ja, entweder stehe ich dann auf und mache dann irgendwas, was sowieso beim Laufen zu erledigen ist, oder ich sammle mir so ein paar von den Sammelaufgaben und ackere die mal kurz ab, habe dann so ein Erfolgserlebnis, so nach dem Motto: Boah, fünf Haken gemacht. Das ist dann einfach so fürs gute Gefühl."<br>„Also, bewusst, wenn mir schon der Kopf raucht, dann zu sagen: Jetzt mache ich eine Pause, mache mir einen Tee oder hole mir einen Kaffee. Und bin dann danach wieder fitter, als wenn ich jetzt die ganze Zeit am Computer sitze." |

### 6.2.2.3 Begrenzung und Fokussierung: Eine Bewertung vor dem Hintergrund ihrer Folgen

Die Beschäftigten beschrieben in den Interviews eine Vielzahl unterschiedlicher Umgangsweisen der Begrenzung und Fokussierung als Alternativen zur Arbeitsausdehnung und -intensivierung. Üblicherweise wenden Beschäftigte im Umgang mit Zeit- und Leistungsdruck ein Bündel unterschiedlicher Umgangsweisen an, in dem Begrenzung und Fokussierung mehr oder weniger vorkommen.

**Begrenzung und Fokussierung werden grundsätzlich positiv bewertet und können zum Abbau von Zeit- und Leistungsdruck beitragen**

Die erfolgreiche Realisierung von Begrenzung und Fokussierung wurde von den Beschäftigten grundsätzlich als sehr positiv für das eigene Befinden bewertet. Dies war insbesondere dann der Fall, wenn Umgangsweisen der Begrenzung und Fokussierung zu einem direkten Abbau des Zeit- und Leistungsdrucks selbst beigetragen haben, z. B. dann, wenn die Umverteilung von Arbeit gut gelingt oder durch die Nachverhandlung von Terminen Zeitfenster geschaffen werden. So gehen Umgangsweisen der Begrenzung und Fokussierung und der Abbau von Zeit- und Leistungsdruck teilweise Hand in Hand.

**Begrenzung und Fokussierung bergen auch Konfliktpotenzial**

Jedoch sind Umgangsweisen der Begrenzung und Fokussierung nicht immer als unmittelbar positiv zu bewerten. Sie bergen durchaus Konfliktpotenzial und können zunächst eher mit negativen Emotionen der Beschäftigten und damit mit einer Beeinträchtigung ihres Befindens verknüpft sein. Dies ist vor allem dann der Fall, wenn Umgangsweisen andere Interaktionspartner, z. B. andere Beschäftigte, Kolleg:innen oder Führungskräfte, tangieren und eher negativ betreffen. So ist das Setzen von Prioritäten und Aufzeigen von Grenzen oftmals schwierig, wie im Folgenden von einem Beschäftigten geschildert wird:

> „Das ist tatsächlich auch für uns oft ein Problem, wenn dann jemand dasteht, sagen: ‚Du bist jetzt gerade nicht dran. Du hast jetzt nicht die Priorität.' Das will keiner hören. Also, das ist dann aber auch so: Die kommen und wollen Sachen klären. Und dann muss man sagen: Ja, sind wichtig zu klären. Aber die anderen Sachen, da gibt es einen Drucktermin oder irgendwas, die sind jetzt wichtiger."

Schwierig wird es auch dann, wenn die Begrenzung und Fokussierung einzelner Beschäftigter von Kolleg:innen aufgefangen wird bzw. aufgefangen werden muss, wie der folgende Befragte beschreibt:

> „Aber es ist schon so, dass manche Sachen, die machen dann halt einfach andere, wenn ich sie nicht mache. Und das ist ja auch superschwierig, ja? Dann denke ich mir so: Ja, okay, jetzt hast du halt irgendwie am Wochenende noch drei Stunden gearbeitet. Ich hätte das auch machen können, aber ich habe mich bewusst dazu entschlossen, das nicht zu machen, aus Gründen X und Y. Muss ich mich jetzt schlecht fühlen?"

Teilweise hat begrenzendes Verhalten nicht nur für Kolleg:innen, sondern auch für die praktizierenden Beschäftigten selbst mögliche negative Konsequenzen, wie die folgende Beschäftigte schildert:

> „Genau, also das [klare Grenzziehung zwischen der Arbeit und der Freizeit] ist akzeptiert. Es hat aber auch ein bisschen gedauert. Und es wurde akzeptiert, so nach dem Motto: ‚Ah gut, Sie sind nicht da. Das ist kein Problem, aber dann macht das jemand anderer.' Und dann hatte ich schon ein Problem damit, weil natürlich wird man dann automatisch, wie soll ich sagen, nicht mehr so einbezogen in gewisse Dinge."

Somit ist zur Bewertung von konkreten Umgangsweisen der Begrenzung und Fokussierung oftmals eine langfristigere Perspektive nötig, da manche Umgangsweisen erst durchgesetzt werden müssen sowie eine gewisse Gewöhnung erfordern, sowohl von den praktizierenden Beschäftigten selbst als auch ihres Umfelds an Kolleg:innen, Führungskräften oder Kund:innen, Klient:innen bzw. Patient:innen.

**Negative Folgen von Begrenzung und Fokussierung sind ein Indiz für betriebliche Problematiken und strukturelle Defizite**

Begrenzung und Fokussierung sind nicht losgelöst vom betrieblichen Kontext zu betrachten, sondern vielmehr eingebettet in betriebliche Rahmenbedingungen und die sozialen Beziehungen am Arbeitsplatz. Mögliche negative Folgen – wie bspw. Mehrarbeit für Kolleg:innen und hierdurch entstehende soziale Konflikte – verweisen sehr oft auf betriebliche Problematiken und strukturelle Defizite, wie bspw. eine unzureichende Personalbemessung oder unrealistische Zielvorgaben. Diese werden oftmals erst dann sichtbar, wenn Beschäftigte hohen Zeit- und Leistungsdruck nicht mehr (gänzlich) durch Umgangsweisen der Arbeitsextensivierung und -intensivierung auffangen, sondern auch Verhaltensweisen der Begrenzung und Fokussierung zeigen. Negative Folgen sind somit ein Indiz für eine defizitäre Arbeitsgestaltung bzw. eine unzureichende direkte Gestaltung vorhandener Belastung.

Die erfolgreiche Realisierung von Begrenzung und Fokussierung, möglichst ohne negative Begleiterscheinungen, hat bestimmte Voraussetzungen. Auf diese Voraussetzungen wird in den folgenden Abschnitten eingegangen.

### 6.2.3 Voraussetzungen von Begrenzung und Fokussierung

Im Rahmen der Interviewstudie schilderten die Beschäftigten eine Vielzahl an Faktoren bzw. Themen, die relevant dafür sind, wie sie – alleine oder im Team – mit vorhandenem Zeit- und Leistungsdruck umgehen (können). Je nach Ausprägung sind diese Faktoren förderlich bzw. hinderlich für die erfolgreiche Realisierung von Begrenzung und Fokussierung. Die Faktoren können vier unterschiedlichen Ebenen zugeordnet werden:

**Begrenzung und Fokussierung können gezielt gefördert werden**

1. der Ebene der Organisation,
2. der Ebene der Tätigkeit,
3. der Ebene des Teams und
4. der Ebene der individuellen Beschäftigten.

Im Folgenden werden alle vier Ebenen mit ihren Faktoren dargestellt.

#### 6.2.3.1 Ebene der Organisation

Auf der organisationalen Ebene konnten über die Interviews als ein erster relevanter Faktor die im Unternehmen vorhandenen *Strukturen und Regelungen* identifiziert werden. Diesbezüglich wurden von den interviewten Beschäftigten eher *flache Hierarchien* sowie eher *wenig Bürokratie* als förderlich für Begrenzung und Fokussierung beschrieben, da in flachen Hierarchien und mit wenig Bürokratie bspw. flexible Routinen und kurze Kommunikationswege möglich sind, welche wiederum gemeinsame Priorisierungen oder vorausschauendes Handeln der Beschäftigten erleichtern. Weiterhin spielen die konkreten Beschäftigungsverhältnisse sowie die Personalstärke eine sehr wichtige Rolle. *Unbefristete Beschäftigungsverhältnisse* und eine *angemessene Personalbemessung* wurden als essenziell zur Förderung von Begrenzung und Fokussierung beschrieben, da sie unter anderem zu gut funktionierenden und eingespielten Teams beitragen, die dann auch Umgangsweisen der Begrenzung und Fokussierung erfolgreich anwenden. Gerade von einer angemessenen Personalbemessung hängt es natürlich auch ab, dass Begrenzung und Fokussierung keine negativen Begleiterscheinungen (z. B. Mehrarbeit für Kolleg:innen) haben. Obwohl sich die Beschäftigten gewisser Gefahren und Ambivalenzen durchaus bewusst waren, wurden schließlich *flexible Arbeitszeit- und Arbeitsortregelungen* (bspw. Gleitzeit, Homeoffice) als eher förderlich für Begrenzung und Fokussierung beschrieben, da erst sie bspw. eine Anpassung der Arbeit an den eigenen Biorhythmus oder auch die Verlagerung bestimmter Tätigkeiten auf ruhigere Arbeitszeiten bzw. Orte ermöglichen.

**Unterschiedliche Aspekte der im Unternehmen vorhandenen Strukturen und Regelungen spielen eine Rolle**

Als ein zweiter wichtiger Faktor konnte das im Unternehmen vorherrschende *Leistungsklima* identifiziert werden. Bei diesem spielen zum einen die im Unternehmen vorherrschenden *Leistungserwartungen* eine wichtige Rolle, wie bspw. Erwartungen an die Erreichbarkeit bzw. Verfügbarkeit der Beschäftigten nach Feierabend oder

**Verschiedene Aspekte des Leistungsklimas sind relevant**

die Bereitschaft, Überstunden zu leisten. Je ausgeprägter diese Erwartungen sind, desto schwieriger ist es, Umgangsweisen der Begrenzung und Fokussierung erfolgreich zu realisieren. Auch die *Haltung des oberen Managements zu den Beschäftigten* prägt das Leistungsklima mit und ist von hoher Relevanz. Eine *wertschätzende, vertrauensvolle Haltung* und der Einbezug der Beschäftigten in organisationale Entscheidungs- und Änderungsprozesse (zumindest in Form von Transparenz) erleichtern Umgangsweisen der Begrenzung und Fokussierung, da sie Beschäftigte bspw. dazu ermutigen, Leistungsgrenzen klar zu kommunizieren und zu vertreten oder sich proaktiv in Prozesse einzubringen. Auch die *Beziehungen zwischen unterschiedlichen Abteilungen* wurden als eine wichtige Komponente des Leistungsklimas dargestellt. Beziehungen, die kooperativ und nicht kompetitiv sind, erleichtern Begrenzung und Fokussierung, da sie eine gute Zusammenarbeit und Arbeitsverteilung – auch über Abteilungsgrenzen hinweg – unterstützen und die Wahrscheinlichkeit für Bereichsegoismen sowie die Profilierung einzelner (Gruppen) senken. Schließlich ist im Rahmen des Leistungsklimas relevant, inwiefern das Management den *betriebswirtschaftlichen Druck weitergibt oder von den Beschäftigten fernhält.* Wird den Beschäftigten der betriebswirtschaftliche Druck von ihrem Arbeitgeber permanent vor Augen geführt, bspw. in Form von Benchmarks oder rigidem Prozessmanagement, werden eher gesundheitsschädliche Umgangsweisen der Arbeitsausdehnung und -intensivierung forciert.

**Es ist wichtig, dass im Unternehmen ein Fürsorgeklima wahrgenommen wird**

Zu guter Letzt spielt für Begrenzung und Fokussierung offenbar eine Rolle, ob die Beschäftigten vonseiten des Managements ein *Fürsorgeklima* wahrnehmen oder nicht. Dieses Fürsorgeklima wird zum einen davon geprägt, welche *Art von Fortbildungen* im Unternehmen angeboten werden. Das Angebot von Fortbildungen, die nicht nur eine funktionale Intention (wie bspw. Produktschulungen oder EDV-Schulungen), sondern darüber hinaus auch das Wohlbefinden der Beschäftigten im Blick haben (bspw. Supervisionen, Erholungstrainings oder Stressmanagement), tragen zur Wahrnehmung eines Fürsorgeklimas bei und wurden von den Beschäftigten als ermutigend beschrieben, Umgangsweisen der Begrenzung und Fokussierung auszuprobieren. Daneben ist von hoher Relevanz, wie im Unternehmen mit der *Thematik der Überlastung umgegan-*

**Tabelle 12:** Für Begrenzung und Fokussierung relevante Themen auf Organisationsebene

| Kernthemen | Unterthemen |
|---|---|
| Strukturen und Regelungen | • Hierarchien und Bürokratie<br>• Beschäftigungsverhältnisse und Personalstärke<br>• Regelungen zu Arbeitszeit und Arbeitsort |
| Leistungsklima | • Leistungserwartungen<br>• Haltung des Managements zu den Beschäftigten<br>• Beziehungen zwischen Abteilungen<br>• Weitergabe von betriebswirtschaftlichem Druck |
| Fürsorgeklima | • Angebot an Fortbildungen<br>• Umgang mit der Thematik Überlastung |

*gen wird.* Wichtig ist hier, dass es im Falle der Überlastung einzelner Beschäftigter oder Teams organisationsseitig zumindest Gesprächsangebote und Lösungsversuche gibt und keine Ignoranz oder sogar die stillschweigende Norm, die Thematik nicht anzusprechen, da es sich um ein unerwünschtes Thema handelt.

Tabelle 12 gibt die in der Interviewstudie ermittelten Themen auf der Ebene der Organisation noch einmal zusammenfassend wieder.

### 6.2.3.2 Ebene der Tätigkeit

**Selbstbestimmung bei der Tätigkeitsausübung hat einen Einfluss auf den Umgang mit Zeit- und Leistungsdruck**

Bezogen auf die konkret ausgeübte Arbeitstätigkeit konnten ebenfalls zentrale Faktoren identifiziert werden, die einen großen Einfluss auf den Umgang mit Zeit- und Leistungsdruck haben. Hierbei spielt die *Selbstbestimmung bei der Tätigkeitsausübung* eine große Rolle. Diese umfasst zum einen die *Autonomie* der Beschäftigten bei ihrer Tätigkeitsausübung, d.h. die hierbei vorhandenen Handlungs- und Entscheidungsspielräume auf dem Weg zum Tätigkeitsziel. Das Vorhandensein von Autonomie ist eine zentrale Voraussetzung für die Umsetzung von Umgangsweisen der Begrenzung und Fokussierung, wie z.B. das Setzen von Prioritäten oder die sinnvolle Strukturierung der zu einer Tätigkeit gehörenden Arbeitsaufträge. Zum anderen spielt die *Zeitbindung* der Tätigkeit eine große Rolle, welche nicht zu hoch sein sollte, da eine zu ausgeprägte Bindung an Zeitpunkte und Fristen (und damit fehlende zeitliche Spielräume) die Arbeitsausdehnung und -intensivierung befördern. Auch die Einbindung der Tätigkeit, d.h. die Abhängigkeit von Zuarbeiten oder Abstimmungen mit anderen, sollte nicht zu groß sein, da ansonsten die Vorhersehbarkeit und Planbarkeit der Tätigkeitsausübung stark eingeschränkt wird und hierüber dann auch bspw. eigene sinnvolle Arbeitsplanungen regelmäßig torpediert werden.

**Rollenklarheit ist wichtig**

Daneben ist eine möglichst große *Rollenklarheit* wichtig, um Umgangsweisen der Begrenzung und Fokussierung erfolgreich auszuüben. Hierbei sollte zum einen *Klarheit über Zuständigkeiten und Verantwortlichkeiten* herrschen. Zum anderen ist auch *Klarheit über Arbeitsstandards und die erwartete Ergebnisqualität* wichtig. Erst diese Klarheit ermöglicht bspw. das Ablehnen oder die sinnvolle Delegation von Aufträgen sowie vertretbare Qualitätsabstriche.

Tabelle 13 gibt die wichtigen Themen der Tätigkeitsebene noch einmal im Überblick wieder.

**Tabelle 13:** Für Begrenzung und Fokussierung relevante Themen auf Tätigkeitsebene

| Kernthemen | Unterthemen |
|---|---|
| Selbstbestimmung bei der Tätigkeitsausübung | • Autonomie<br>• Zeitbindung der Tätigkeit<br>• Einbindung der Tätigkeit |
| Rollenklarheit | • Zuständigkeiten und Verantwortung<br>• Arbeitsstandards und erwartete Ergebnisqualität |

#### 6.2.3.3 Ebene des Teams

**Eine gute Koordination der Teammitglieder und Zusammenarbeit im Team ist wichtig**

Tätigkeiten werden in der Regel nicht alleine ausgeübt, sondern oftmals in Teams. Somit konnten diverse Förderfaktoren eines guten Umgangs mit Zeit- und Leistungsdruck identifiziert werden, die auf der Teamebene liegen. Als ein erster wichtiger Faktor stellt sich eine gute *Koordination* des Teams heraus. Hierzu gehört zunächst eine gerechte und sinnvolle *Arbeitsverteilung* im Team, die Begrenzung und Fokussierung der einzelnen Teammitglieder sehr erleichtert. Dabei sollten die Kompetenzen und Präferenzen der verschiedenen Teammitglieder berücksichtigt werden und Zeitvorstellungen realistisch sein. Zu einer guten Teamkoordination gehört außerdem *Transparenz* über die Auslastung der einzelnen Teammitglieder. Sie erleichtert vor allem gemeinsame Priorisierungen im Team, aber auch die gegenseitige Unterstützung sowie die Umverteilung von Arbeit. Zudem sollte das Team so zusammengesetzt sein, dass ausreichend *Möglichkeiten für gegenseitige Vertretungen* vorhanden sind. Andernfalls droht insbesondere in Phasen mit hohem Krankenstand oder in der Urlaubszeit eine Arbeitsausdehnung und -intensivierung.

Daneben spielt die gelebte *Zusammenarbeit* im Team eine sehr wichtige Rolle. Sehr viele Befragte hoben in den Interviews hervor, wie wichtig es sei, in einem *„eingespielten Team"* zu arbeiten, in dem man sich aufeinander verlassen kann und in dem die Zusammenarbeit weitgehend reibungslos funktioniert. In einem solchen Team sei bspw. die Bitte um Unterstützung sehr viel leichter als in einem Team, in dem es bezüglich der Zusammenarbeit „hakt". Wichtig bei der Zusammenarbeit ist außerdem eine wirklich *gelebte Unterstützungskultur*, zu der auch ein *regelmäßiger Austausch* untereinander gehört, sodass eine gegenseitige Unterstützung – sowohl aktiv als auch emotional – erfolgt. Zuletzt sollten Teams auch eine gewisse *Autonomie* im Unternehmen und gegenüber anderen Teams haben, sodass Begrenzungs- und Fokussierungsstrategien auf der Teamebene gut realisiert werden können.

**Das Teamklima spielt eine wichtige Rolle**

Schließlich ist das *Teamklima* sehr ausschlaggebend dafür, ob einzelne Teammitglieder Umgangsweisen der Begrenzung und Fokussierung anwenden oder nicht. Eine sehr wichtige Komponente des Teamklimas ist die *Wahrnehmung der direkten Vorgesetzten*, insbesondere darüber, ob diese *Fürsorge* gegenüber ihren Teammitgliedern ausüben oder nicht. Dazu gehört bspw. ansprechbar für das Thema der Überlastung zu sein, aber auch, Teammitglieder im Rahmen der Möglichkeiten bei einem guten Umgang mit Zeit- und Leistungsdruck zu unterstützen und zu ermuntern. Weiterhin sind die im Team *vorhandenen Leistungsnormen und Rollenmodelle* äußerst relevant. Sind in einem Team viele sehr leistungsbereite Beschäftigte vertreten und gehört es quasi zum guten Ton und einem Zeichen dieser Leistungsbereitschaft, ständig Überstunden zu machen und auch außerhalb der Arbeitszeit erreichbar zu sein, werden Umgangsweisen der Begrenzung und Fokussierung stark erschwert. Schließlich spielt *gegenseitige Wertschätzung und Achtsamkeit* eine große Rolle für Begrenzung und Fokussierung. In Teams, in denen die unterschiedlichen Stärken der einzelnen Mitglieder wertgeschätzt werden und man sich füreinander interessiert und aufeinander achtet, wird in der Regel offen über Leistungsgrenzen, Auslastungen und Möglichkeiten kommuniziert.

Tabelle 14 gibt noch einmal einen Überblick über die auf der Teamebene vorhandenen Förderfaktoren von Begrenzung und Fokussierung.

**Tabelle 14:** Für Begrenzung und Fokussierung relevante Themen auf Teamebene

| Kernthemen | Unterthemen |
|---|---|
| Koordination | • Gerechte und sinnvolle Arbeitsverteilung<br>• Transparenz über Auslastung<br>• Möglichkeiten der gegenseitigen Vertretung |
| Zusammenarbeit | • „das eingespielte Team“<br>• Unterstützungskultur und Austausch<br>• Teamautonomie |
| Teamklima | • Fürsorge der Führungskraft<br>• Leistungsnormen und Rollenmodelle<br>• gegenseitige Wertschätzung und Achtsamkeit |

#### 6.2.3.4 Ebene der Beschäftigten

Zuletzt tragen auch Faktoren, die bei den jeweiligen Beschäftigten liegen, dazu bei, wie diese selbst mit ihrem Zeit- und Leistungsdruck umgehen. Die interviewten Beschäftigten waren sich ihres individuellen Beitrags zum Umgang mit Zeit- und Leistungsdruck sehr bewusst. Sehr viele Beschäftigte berichteten davon, wie wichtig berufliche Erfahrungen und die persönliche Entwicklung im Berufsalltag für die Form des Umgangs mit Zeit- und Leistungsdruck sind. Diese finden zum einen *„off the job“* statt, d.h. in Form gezielter Fort- und Weiterbildung. Hierunter wurden z.B. Zeitmanagementseminare oder Verhandlungstrainings als durchaus förderlich für Umgangsweisen der Begrenzung und Fokussierung dargestellt, da bspw. wichtige Kompetenzen für eine gute Organisation der Arbeit oder auch die Abgrenzung gegenüber Kund:innen und Auftraggeber:innen vermittelt wurden. Als noch relevanter wurden jedoch diejenigen Erfahrungen und Entwicklungen geschildert, die *„on the job“*, also bei der tagtäglichen Ausübung der Arbeit stattfinden. Die Beschäftigten führten hier eine große Bandbreite an Fähigkeiten an, die sich im Laufe des Arbeitslebens entwickeln und die äußerst unterstützend für einen guten Umgang mit Zeit- und Leistungsdruck sind, wie bspw. Fingerspitzengefühl, Selbstbewusstsein, ein gewisses „Standing“ oder auch situative Gelassenheit und Zuversicht.

**Erfahrungen und Entwicklung on und off the job sind relevant**

Darüber hinaus spielen auch *Merkmale der Personen* eine Rolle. *Einstellungen und Haltungen* sind sehr handlungsleitend dafür, wie mit Zeit- und Leistungsdruck umgegangen wird. Personen, die eine positive Einstellung gegenüber Schwächen und Fehlern haben und eine eher kritische Haltung gegenüber (zu) hohen Leistungsansprüchen, begrenzen und fokussieren eher als Personen mit einer Null-Fehler-Toleranz und einem Selbstverständnis als „Leistungsträger“ oder der Haltung, „unersetzlich“ zu sein. Auch *Persönlichkeitsmerkmale* nehmen Einfluss auf den Umgang mit Zeit- und Leistungsdruck. In sehr ausgeprägter Form scheinen bspw. Persönlichkeitsmerkmale wie Perfektionismus, Gewissenhaftigkeit oder Hilfsbereitschaft Begrenzung und Fokussierung zu erschweren.

**Personenmerkmale haben ebenfalls einen Einfluss auf den Umgang mit Zeit- und Leistungsdruck**

**Auch ein Bewusstsein über Leistungsgrenzen und Bedürfnisse sowie Selbstsorge sind relevant**

Schließlich spielen auch das *(Selbst)Bewusstsein und die Bereitschaft zur Selbstsorge* eine große Rolle für den Umgang mit Zeit- und Leistungsdruck. Beschäftigte, die sich ihrer

*Leistungsgrenzen und Bedürfnisse* bewusst sind, setzen eher Umgangsweisen der Begrenzung und Fokussierung durch als Beschäftigte, denen ein solches Bewusstsein fehlt. Einige Beschäftigte schilderten, dass sie dieses Bewusstsein erst schmerzhaft erlangen mussten, bspw. durch eigene Krankheitserfahrungen oder das Miterleben des Burnouts eines Kollegen bzw. einer Kollegin. Daneben spielt der *Stellenwert der Arbeit* im Leben eine große Rolle. Beschäftigte mit anderen Interessen und Verpflichtungen neben der Arbeit (z. B. Hobbys, Ehrenamt, Familie) setzen eher Umgangsweisen der Begrenzung und Fokussierung durch als Beschäftigte, für die die Arbeit ihr „Baby" oder „Herzblut" ist.

Tabelle 15 können die geschilderten Faktoren auf der Personenebene nochmals entnommen werden.

**Tabelle 15:** Für Begrenzung und Fokussierung relevante Themen auf Beschäftigtenebene

| Kernthemen | Unterthemen |
|---|---|
| Erfahrungen und Entwicklung | • off the job<br>• on the job |
| Personenmerkmale | • Einstellungen und Haltungen<br>• Persönlichkeitsmerkmale |
| Selbst-„Bewusstsein" (Selbstsorge) | • Leistungsgrenzen und Bedürfnisse<br>• Stellenwert der Arbeit |

### 6.2.4 Voraussetzungen von Begrenzung und Fokussierung: Eine Zusammenfassung und Diskussion

**Strukturelle und klimatische/kulturelle Faktoren stellen die Weichen für den Umgang mit Zeit- und Leistungsdruck**

Durch die Interviewstudie wurde eine Vielzahl von Faktoren ermittelt, die einen Einfluss auf den Umgang mit Zeit- und Leistungsdruck haben, d. h. darauf, ob Beschäftigte neben Umgangsweisen der Arbeitsintensivierung und -extensivierung auch alternative Umgangsweisen der Begrenzung und Fokussierung erfolgreich anwenden können. Die Faktoren liegen auf unterschiedlichen Ebenen: der Ebene der Organisation, der Tätigkeit, des Teams und der individuellen Beschäftigten. Über alle Ebenen hinweg finden sich sogenannte „harte Faktoren", wie bspw. Strukturen und Regelungen, Zeitbindung und Koordination, genauso wie sogenannte „weiche Faktoren", d. h. klimatische und kulturelle Faktoren wie bspw. das Leistungs- oder Fürsorgeklima. Beide Arten von Faktoren sorgen je nach Ausprägung für einen eher förderlichen oder hinderlichen Kontext für Begrenzung und Fokussierung und sollten in ihrem Zusammenspiel betrachtet werden.

**Förderfaktoren auf unterschiedlichen Ebenen hängen zusammen**

Gleiches gilt für die unterschiedlichen Ebenen, welche nicht unabhängig voneinander sind: So stellt die organisationale Ebene wichtige Weichen für die Tätigkeitsebene, welche wiederum das Bindeglied zur Team- und letztendlich Beschäftigtenebene ist (Hornung & Höge, 2018; Ulich, 2013). Dieser Zusammenhang der Ebenen kann für das Thema „Autonomie" bzw. „Kontrolle", welches sich über alle Ebenen findet, verdeutlicht werden: Auf der Tätigkeitsebene im Mittelpunkt findet sich eine möglichst hohe Selbstbestimmung bei der Tätigkeitsausübung als eine zentrale Voraussetzung für Begrenzung und Fokussierung, d.h. Entscheidungs- und Handlungsspielräume auf dem Weg zum Ziel, genauso wie zeitliche Spielräume und eine gewisse Unabhängigkeit von Zuarbeiten und Abstimmungen mit anderen. Die Weichen für diese Selbstbestimmung bei der Tätigkeitsausübung werden jedoch zu einem Großteil durch die Organisationsebene gestellt, z.B. durch flache Hierarchien und wenig Bürokratie sowie eine wertschätzende Haltung des Managements zu den Beschäftigten, deren Expertise und Erfahrungen ernst genommen werden. Auf der Organisationsebene wird somit die Ausprägung wichtiger Tätigkeitsmerkmale bereits gebahnt (Chao & Moon, 2005). Darüber hinaus ist jedoch Selbstbestimmung bei der Tätigkeitsausübung - genauso wie andere Tätigkeitsmerkmale - nicht als statisch und ausschließlich organisational gegeben zu betrachten. Sowohl Teams als auch individuelle Beschäftigte nehmen Einfluss auf das Ausmaß der Selbstbestimmung bei der Tätigkeitsausübung (Grant & Parker, 2009; Schwendener, Berset & Krause, 2017) und treten individuell oder zusammen in Aushandlungs- und Gestaltungsprozesse, was in der Wissenschaft unter den Begrifflichkeiten des „Job Crafting" (Bakker & Demerouti, 2017; Mäkikangas, Bakker & Schaufeli, 2017) oder der „Idiosyncratic Deals" (Hornung et al., 2010; 2014) thematisiert wird. Die individuelle Einflussnahme ist dabei eng verbunden mit den Merkmalen, Einstellungen und Eigenschaften der Beschäftigten (Bindl et al., 2019).

Zusammenfassend lässt sich feststellen, dass förderliche Faktoren auf der Ebene der Beschäftigten, wie bspw. ein Bewusstsein über Leistungsgrenzen und Bedürfnisse, die Fähigkeit bzw. Bereitschaft für Begrenzung und Fokussierung erhöhen. Faktoren auf der Organisations-, Tätigkeits- und Teamebene sorgen dann in ihrem Zusammenspiel für einen förderlichen bzw. hinderlichen Kontext für Begrenzung und Fokussierung, in dem diese Umgangsweisen mehr oder weniger gelingen. Die Beschäftigten sind sich dieses Kontextes sehr wohl bewusst, sodass auch er wiederum Einfluss nimmt auf die Bereitschaft, alternative Umgangsweisen auszuprobieren.

Erfolgreich praktizierte Begrenzung und Fokussierung wird von den Beschäftigten überwiegend als positiv bewertet, hat also positive Folgen z.B. im Sinne einer verbesserten Work-Life-Balance oder eines gesteigerten Wohlbefindens. Jedoch können Begrenzung und Fokussierung auch negative Folgen haben, wie bspw. Mehrarbeit für Kolleg:innen oder Spannungen mit Kolleg:innen oder Vorgesetzten, sodass sie mit negativen Emotionen der praktizierenden Beschäftigten verknüpft sind. Diese negativen Folgen verweisen jedoch in der Regel auf einen hinderlichen Kontext und sind damit ein guter Indikator für betriebliche Problemlagen, wie bspw. eine unzureichende Personalbemessung, fehlende Partizipationsmöglichkeiten oder kompetitive Beziehungen zwischen Teams und Abteilungen.

**Voraussetzungen für Begrenzung und Fokussierung sind gleichzeitig wichtige Faktoren zum Abbau von Zeit- und Leistungsdruck**

An dieser Stelle wird besonders deutlich, dass viele der ermittelten Voraussetzungen für Begrenzung und Fokussierung gleichzeitig wichtige Faktoren zum Abbau von Zeit- und Leistungsdruck sind oder anders ausgedrückt: Bekannte Entstehungsfaktoren für Zeit- und Leistungsdruck verhindern oftmals gleichermaßen Umgangsweisen der Begrenzung und Fokussierung. Unter schlechten Bedingungen entsteht hoher Zeit- und Leistungsdruck und es wird vorausgesetzt, dass Beschäftigte diesen über Umgangsweisen der Arbeitsextensivierung (Überstunden, Erreichbarkeit etc.) und -intensivierung (Pausenausfall, hohes Arbeitstempo etc.) auffangen, d.h. die strukturell angelegte Überlastung individuell „ausbaden". Nicht ohne Grund wird Zeit- und Leistungsdruck in vielen Instrumenten über genau diese Verhaltensweisen gemessen (siehe auch Abschnitt 4.1). Das Scheitern von Begrenzung und Fokussierung sowie mögliche negative Folgen sollten somit als Indikator für einen defizitären betrieblichen Umgang mit Zeit- und Leistungsdruck betrachtet und ernst genommen werden.

Abbildung 22 stellt die Ergebnisse zu den in den Fallstudien untersuchten Zusammenhängen im Hinblick auf den Umgang mit Zeit- und Leistungsdruck noch einmal zusammenfassend dar.

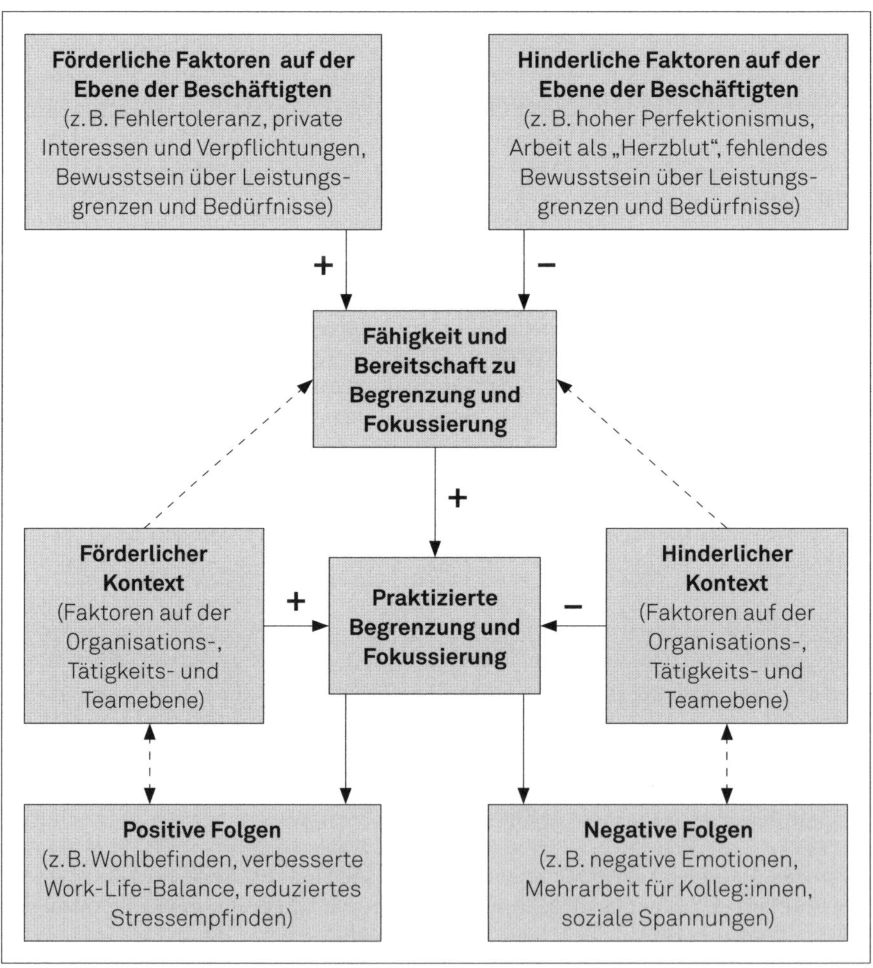


**Abbildung 22:** Voraussetzungen und Folgen von Begrenzung und Fokussierung

### 6.2.5 Gestaltungsempfehlungen zur Förderung eines guten Umgangs mit Zeit- und Leistungsdruck

Die im vorherigen Abschnitt beschriebenen Voraussetzungen von Begrenzung und Fokussierung stellen wichtige Ansatzpunkte für Gestaltungsmaßnahmen dar, durch die ein guter Nährboden für Begrenzung und Fokussierung geschaffen werden kann. Dabei sollten über alle Ebenen hinweg sowohl die strukturellen als auch kulturellen bzw. klimatischen Faktoren in den Blick genommen und gemeinsam optimiert werden.

**Strukturelle Gestaltungsmaßnahmen sind ebenso wichtig wie die Entwicklung der Organisations- und Teamkultur**

Auf der Ebene der Organisation und Tätigkeit kann bspw. an Tätigkeitsmerkmalen oder Strukturen und Regelungen mit Maßnahmen der Arbeits- und Aufgabengestaltung angesetzt werden. So können Maßnahmen zur Erhöhung von Handlungs- und Entscheidungsspielräumen oder zum Abbau zu stark ausgeprägter bürokratischer Regelungen zu einem guten Nährboden für Begrenzung und Fokussierung beitragen. Daneben sind jedoch auch organisationskulturelle Entwicklungsmaßnahmen erforderlich, damit die Beschäftigten bspw. ein Fürsorgeklima sowie ein hilfreiches Leistungsklima wahrnehmen.

Auch auf der Teamebene sollten sowohl strukturelle als auch kulturelle Teamentwicklungsmaßnahmen stattfinden, um zum einen bspw. die Teamzusammensetzung sowie den Informationsaustausch im Team förderlich zu gestalten und zum anderen bspw. eine Unterstützungskultur oder gegenseitige Wertschätzung und Achtsamkeit zu fördern.

**Personalentwicklung spielt eine wichtige Rolle**

Auf der Ebene der Beschäftigten hat sich schließlich die Relevanz von Maßnahmen der Personalentwicklung eindrücklich gezeigt. Hier geht es zum einen um die Vermittlung konkreter Fähigkeiten und Kompetenzen „off the job“, bspw. durch Seminare zum Zeitmanagement oder Verhandlungstrainings. Zum anderen ist jedoch gerade die Personalentwicklung „on the job“ sehr relevant, d.h. der Aufbau von Erfahrungen und Entwicklung im Arbeitsalltag, welcher bspw. durch Mentoring- oder Coaching-Konzepte unterstützt werden könnte. Schließlich geht es auch um die Reflexion eigener Einstellungen und Denkmuster, welche sehr handlungsleitend auch für den Umgang mit Zeit- und Leistungsdruck sind. Maßnahmen der Persönlichkeitsentwicklung könnten hierbei unterstützen.

Abbildung 23 illustriert die Möglichkeiten zur Förderung eines guten Umgangs mit Zeit- und Leistungsdruck über die unterschiedlichen Ebenen hinweg.

## 6.3 Fazit zur Gestaltung von Arbeitsintensität und Zeit- und Leistungsdruck

**Zeit- und Leistungsdruck kann direkt und indirekt gestaltet werden**

Für die Gestaltung von Zeit- und Leistungsdruck gibt es viele unterschiedliche Ansatzpunkte, die in diesem Kapitel behandelt wurden. Neben der direkten Gestaltung von (zu) hohem Zeit- und Leistungsdruck, d.h. der Reduktion bzw. dem Abbau über verhältnisorientierte Maßnahmen (vgl. Abschnitt 6.1), sollte komplementär auch eine indirekte Gestaltung verfolgt werden, d.h. die Förderung guter, eher gesundheitserhaltender Umgangsweisen mit Zeit- und Leistungsdruck (vgl. Abschnitt 6.2).

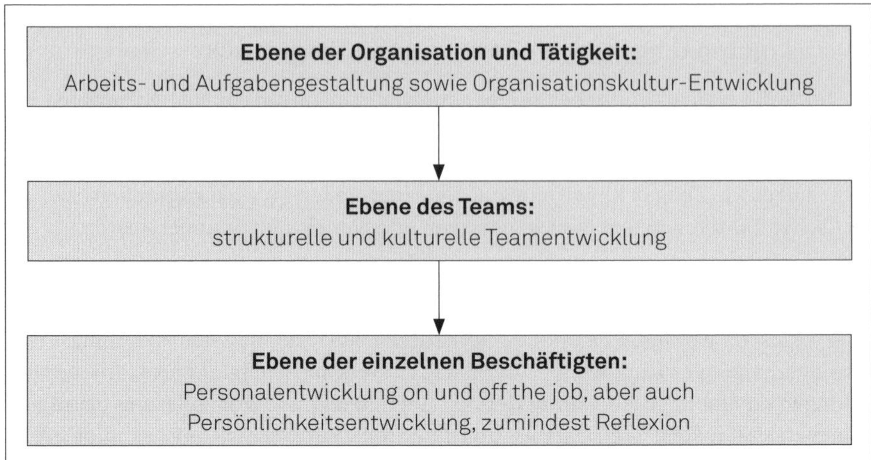


**Abbildung 23:** Gestaltungsmöglichkeiten auf unterschiedlichen Ebenen

**Die Gestaltung findet in unterschiedlichen Kontexten statt**

Grundsätzlich kann die Gestaltung von Zeit- und Leistungsdruck in verschiedenen betrieblichen Kontexten stattfinden, d.h. sowohl im Rahmen des Arbeitsschutzes, bspw. der Gefährdungsbeurteilung psychischer Belastung, als auch im Rahmen der Personal- oder Teamentwicklung, der fürsorglichen Führung oder des betrieblichen Gesundheitsmanagements (Beck, Schuller & Schulz-Dadaczynski, 2017).

**Betriebe stoßen bei der Gestaltung oftmals an Grenzen**

Trotz der vielen Ansatzpunkte zur Gestaltung sowie der unterschiedlichen möglichen Herangehensweisen in verschiedenen Kontexten stoßen Betriebe bei der Gestaltung von Zeit- und Leistungsdruck oftmals an Grenzen. Dies hat unterschiedliche Gründe. Ein Grund ist darin zu sehen, dass es „den einen Zeit- und Leistungsdruck" nicht gibt, sondern Zeit- und Leistungsdruck in der betrieblichen Realität unterschiedliche Gesichter zeigt und verschiedene Ursachen hat (vgl. Abschnitt 2.2 und 6.1.1). Somit ist jeweils die *betriebsspezifische Situation* im Hinblick auf Zeit- und Leistungsdruck zu ermitteln und zu beurteilen. Auch hier gibt es jedoch genauso wenig wie bei der Gestaltung einen „one best way", sondern eine Vielzahl an Herangehensweisen und Möglichkeiten (vgl. Abschnitt 6.1 und 6.2; Schuller, Schulz-Dadaczynski & Beck, 2018).

**Es gibt keinen „one best way"**

Vor dem Hintergrund der jeweils konkreten Situation müssen Betriebe daraus einen für sich gangbaren Weg wählen und passende Gestaltungsmöglichkeiten erkennen und umsetzen.

Neben der Spezifität von Zeit- und Leistungsdruck, die eine konkrete Situationsbetrachtung erfordert, stellt die *Komplexität* betrieblicher Situationen, in denen Zeit- und Leistungsdruck auftritt, eine weitere Herausforderung und potenzielle Barriere für die Thematisierung und Gestaltung von Zeit- und Leistungsdruck im Betrieb dar. So spielen nicht einzelne Faktoren, sondern deren Zusammenspiel eine Rolle, einerseits als Ursache von Zeit- und Leistungsdruck, andererseits als Ursache bestimmter Umgangsweisen mit Zeit- und Leistungsdruck (vgl. vor allem Abschnitt 6.2). Somit müssen oftmals größere Entstehungszusammenhänge erkannt und betrachtet werden, was betriebliche Akteure häufig überfordert (Schuller, 2020).

**Unsicherheiten betrieblicher Akteure und fehlende Handlungsmöglichkeiten müssen überwunden werden**

Zudem nehmen betriebliche Akteure psychosoziale Belastungsfaktoren, wie Zeit- und Leistungsdruck, oftmals als *weniger greifbar und kalkulierbar* wahr als physische Belastungsfaktoren, da es bspw. keine klar definierten Schwellen- bzw. Grenzwerte gibt (anders als bspw. beim Faktor Lärm oder anderen Umgebungseinflüssen am Arbeitsplatz). Auch müssen die Wirkungen von Gestaltungsmaßnahmen oder veränderten Umgangsweisen mit Zeit- und Leistungsdruck wiederum nicht isoliert, sondern in größeren Gestaltungszusammenhängen betrachtet werden (vgl. Abschnitt 6.2.2.3 und 6.2.4). Handlungsnotwendigkeiten sind damit weniger klar definiert und Auswirkungen von Maßnahmen weniger vorhersehbar, was zu Unsicherheiten der verantwortlichen Akteure führen kann (Schuller, 2020).

Schließlich stellen *fehlende Handlungsmöglichkeiten* eine große Barriere bei der Gestaltung von Zeit- und Leistungsdruck dar. So erfordert der Abbau von Zeit- und Leistungsdruck oftmals Ressourcen (wie bspw. zusätzliches Personal) oder Entscheidungsbefugnisse (z. B. bei der Veränderung von Abläufen oder Vorgehensweisen), die oftmals nicht (ausreichend) vorhanden sind (vgl. Abschnitt 6.1.2 und 6.2.3). Solch fehlende (wahrgenommene) Handlungsmöglichkeiten bremsen Gestaltungsprozesse aus bzw. verhindern effektive Gestaltungsbemühungen im Betrieb (Janetzke & Ertel, 2017; Schuller, 2020). Umso wichtiger ist es dann, alternative Herangehensweisen und trotzdem vorhandene Möglichkeiten zu erkennen und zu nutzen. Insbesondere dann, wenn die direkte Gestaltung, d. h. der Abbau von zu hohem Zeit- und Leistungsdruck nicht zeitnah oder nicht hinreichend möglich ist, bietet sich die indirekte Gestaltung als Ergänzung und damit die Ausschöpfung aller Handlungsmöglichkeiten an (Schulz-Dadaczynski & Janetzke, 2020; Schulz-Dadaczynski, Junghanns & Lohmann-Haislah, 2019).

In dem vorliegenden Buch wurden vielseitige Denkanstöße und Anregungen aufgezeigt, um Barrieren auf dem Weg zur Gestaltung von Arbeitsintensität zu überwinden und Betriebe bei der Umsetzung von Maßnahmen zum Abbau von Zeit- und Leistungsdruck zu unterstützen.

# 7 Literaturempfehlungen


Bundesanstalt für Arbeitsschutz und Arbeitsmedizin (BAuA). (2020). *Sicherheit und Gesundheit bei der Arbeit - Berichtsjahr 2019. Unfallverhütungsbericht Arbeit.* Berlin: Bundesministerium für Arbeit und Soziales.

Bundesanstalt für Arbeitsschutz und Arbeitsmedizin (BAuA). (2020). *Stressreport Deutschland 2019. Psychische Anforderungen, Ressourcen und Befinden.* Dortmund: Bundesanstalt für Arbeitsschutz und Arbeitsmedizin.

Eurofound. (2019). *Living and working in Europe* 2015–2018. Luxembourg: Publications Office of the European Union. Retrieved from https://www.eurofound.europa.eu/publications/annual-report/2019/living-and-working-in-europe-2015-2018

Institut DGB-Index Gute Arbeit (Hrsg.). (2019). *Jahresbericht 2019. Themenschwerpunkt Arbeitsintensität.* Berlin: Institut DGB-Index Gute Arbeit.

Junghanns, G., Morschhäuser, M. & Bundesanstalt für Arbeitsschutz und Arbeitsmedizin (2013). *Immer schneller, immer mehr. Psychische Belastung bei Wissens- und Dienstleistungsarbeit.* Wiesbaden: Springer VS.

Wendsche, J. & Lohmann-Haislah, A. (2018). *Arbeitspausen gesundheits- und leistungsförderlich gestalten.* Göttingen: Hogrefe.

Wöhrmann, A. M., Gerstenberg, S., Hünefeld, L., Pundt, F., Reeske-Behrens, A., Brenscheidt, F. & Beermann, B. (2016). *Arbeitszeitreport Deutschland 2016.* Dortmund: Bundesanstalt für Arbeitsschutz und Arbeitsmedizin.

Zimber A. & Rigotti T. (2015). *Multitasking. Komplexe Anforderungen im Arbeitsalltag verstehen, bewerten und bewältigen.* Göttingen: Hogrefe.

# 8 Literatur


Antoni, C. H. & Ellwart, T. (2017). Informationsüberlastung bei digitaler Zusammenarbeit – Ursachen, Folgen und Interventionsmöglichkeiten. Gruppe. Interaktion. Organisation. *Zeitschrift für Angewandte Organisationspsychologie, 48*(4), 305–315. https://doi.org/10.1007/s11612-017-0392-4

Argyris, C. (2004). Double-loop learning and implementable validity. In H. Tsoukas & N. Mylonopoulos (Eds.), *Organizations as knowledge systems: Knowledge, learning and dynamic capabilities* (pp. 29–45). London: Palgrave Macmillan.

Arneson, H. & Ekberg, K. (2005). Evaluation of empowerment processes in a workplace health promotion intervention based on learning in Sweden. *Health Promotion International, 20*(4), 351–359. https://doi.org/10.1093/heapro/dai023

Aust, B., Rugulies, R., Finken, A. & Jensen, C. (2010). When workplace interventions lead to negative effects: Learning from failures. *Scandinavian Journal of Public Health, 38*(3), 106–19. https://doi.org/10.1177/1403494809354362

Baeriswyl, S., Krause, A. & Kunz Heim, D. (2014). Arbeitsbelastungen, Selbstgefährdung und Gesundheit bei Lehrpersonen – Eine Erweiterung des Job Demands-Resources Modells. *Empirische Pädagogik, 28*(2), 128–146.

Baethge, A., Deci, N., Dettmers, J. & Rigotti, T. (2019). 'Some days won't end ever': Working faster and longer as a boundary condition for challenge versus hindrance effects of time pressure. *Journal of Occupational Health Psychology, 24*(3), 322–332. https://doi.org/10.1037/ocp0000121

Baethge, A. & Rigotti, T. (2010). *Arbeitsunterbrechungen und Multitasking. Ein umfassender Überblick zu Theorien und Empirie unter besonderer Berücksichtigung von Altersdifferenzen.* Dortmund: Bundesanstalt für Arbeitsschutz und Arbeitsmedizin.

Baethge, A. & Rigotti, T. (2013). Interruptions to workflow: Their relationship with irritation and satisfaction with performance, and the mediating roles of time pressure and mental demands. *Work & Stress, 27*(1), 43–63. https://doi.org/10.1080/02678373.2013.761783

Bakker, A. B. & Demerouti, E. (2007). The job demands-resources model: state of the art. *Journal of Managerial Psychology, 22*(3), 309–328. https://doi.org/10.1108/02683940710733115

Bakker, A. B. & Demerouti, E. (2017). Job demands–resources theory: Taking stock and looking forward. *Journal of Occupational Health Psychology, 22*(3), 273–285. https://doi.org/10.1037/ocp0000056

Bakker, A. B., Hakanen, J. J., Demerouti, E. & Xanthopoulou, D. (2007). Job resources boost work engagement, particularly when job demands are high. *Journal of Educational Psychology, 99*(2), 274–284. https://doi.org/10.1037/0022-0663.99.2.274

Baldacchino, K., Armistead, C. & Parker, D. (2002). Information overload: It´s time to face the problem. *Management Services, 46,* 18–19.

Bawden, D. & Robinson, L. (2009). The dark side of information: Overload, anxiety and other paradoxes and pathologies. *Journal of information science, 35*(2), 180–191. https://doi.org/10.1177/0165551508095781

Beck, D. & Schuller, K. (2020). *Gefährdungsbeurteilung psychischer Belastung in der betrieblichen Praxis. Erkenntnisse und Schlussfolgerungen aus einem Feldforschungsprojekt* (baua: Bericht kompakt). Dortmund: Bundesanstalt für Arbeitsschutz und Arbeitsmedizin.

Beck, D., Schuller, K. & Schulz-Dadaczynski, A. (2017). Aktive Gefährdungsvermeidung bei psychischer Belastung. *Prävention und Gesundheitsförderung, 12*(4), 302–310. https://doi.org/10.1007/s11553-017-0615-0

Berg, J.M., Wrzesniewski, A. & Dutton, J.E. (2010). Perceiving and responding to challenges in job crafting at different ranks: When proactivity requires adaptivity. *Journal of Organizational Behavior, 31*(3), 158–186. https://doi.org/10.1002/job.645

Bindl, U.K., Unsworth, K.L., Gibson, C.B. & Stride, C.B. (2019). Job crafting revisited: Implications of an extended framework for active changes at work. *Journal of Applied Psychology, 104*(5), 605–628. https://doi.org/10.1037/apl0000362

Bornewasser, M. & Wegge, J. (2018). Moderne Stressdiagnostik am Arbeitsplatz – theoretische und methodische Fortschritte. *Wirtschaftspsychologie, 20*(1), 3–11.

Bourbonnais, R., Brisson, C. & Vézina, M. (2011). Long-term effects of an intervention on psychosocial work factors among healthcare professionals in a hospital setting. *Occupational Environmental Medicine, 68*(7), 479–86. https://doi.org/10.1136/oem.2010.055202

Bourbonnais, R., Brisson, C., Vinet, A., Vézina, M., Abdous, B. & Gaudet, M. (2006). Effectiveness of a participative intervention on psychosocial work factors to prevent mental health problems in a hospital setting. *Occupational and Environmental Medicine, 63*(5), 335–342. https://doi.org/10.1136/oem.2004.018077

Buchwald, P. & Hobfoll, S.E. (2004). Burnout aus ressourcentheoretischer Perspektive. *Psychologie in Erziehung und Unterricht, 51,* 247–257.

Bundesanstalt für Arbeitsschutz und Arbeitsmedizin (BAuA). (2020). *Sicherheit und Gesundheit bei der Arbeit – Berichtsjahr 2019.* Unfallverhütungsbericht Arbeit. Berlin: Bundesministerium für Arbeit und Soziales.

Bundesministerium für Arbeit und Soziales (BMAS). (2017). *Weißbuch Arbeiten 4.0.* Berlin: Bundesministerium für Arbeit und Soziales. Verfügbar unter https://www.bmas.de/DE/Service/Publikationen/a883-weissbuch.html

Cavanaugh, M.A., Boswell, W.R., Roehling, M.V. & Boudreau, J.W. (2000). An empirical examination of self-reported work stress among U.S. managers. *Journal of Applied Psychology, 85*(1), 65–74. https://doi.org/10.1037/0021-9010.85.1.65

Chao, G.T. & Moon, H. (2005). The cultural mosaic: A metatheory for understanding the complexity of culture. *Journal of Applied Psychology, 90*(6), 1128–1140. https://doi.org/10.1037/0021-9010.90.6.1128

Clark, M.A., Michel, J.S., Zhdanova, L., Pui, S.Y. & Baltes, B.B. (2016). All work and no play? A meta-analytic examination of the correlates and outcomes of workaholism. *Journal of Management, 42*(7), 1836–1873. https://doi.org/10.1177/0149206314522301

Daniels, K. & de Jonge, J. (2010). Match making and match breaking: The nature of match within and around job design. *Journal of Occupational and Organizational Psychology, 83*(1), 1–16. https://doi.org/10.1348/096317909X485144

Demerouti, E., Bakker, A.B., Nachreiner, F. & Schaufeli, W.B. (2001). The job demands-resources model of burnout. *Journal of Applied Psychology, 86,* 499–512. https://doi.org/10.1037/0021-9010.86.3.499

Dewe, P.J., O'Driscoll, M.P. & Cooper, C.L. (2010). *Coping with work stress: A review and critique.* New Jersey: Wiley-Blackwell. https://doi.org/10.1002/9780470711712

Die Schwenninger Krankenkasse & Stiftung Die Gesundarbeiter. *Zukunft Gesundheit 2018. Jungen Bundesbürgern auf den Puls gefühlt.* Verfügbar unter https://www.stiftung-gesundarbeiter.de/wp-content/uploads/2018/11/skk_181022_studie_zukunft-gesundheit-2018_pdf_web.pdf

DIN EN ISO 9241 (1999). *Ergonomische Anforderungen für Bürotätigkeiten mit Bildschirmgeräten.* Berlin: Beuth.

DIN EN ISO 10075-1 (2018). *Ergonomische Grundlagen bezüglich psychischer Arbeitsbelastung – Teil 1: Allgemeine Aspekte und Konzepte und Begriffe. Deutsche Fassung EN ISO* 10075-*1:2017.* Berlin: Beuth.

Drössler, S., Steputat, A., Schubert, M., Günther, N., Staudte, R., Kofahl, M., Hegewald, J. & Seidler, A. (2018) Informationsüberflutung durch digitale Medien am Arbeitsplatz. *Zentralblatt für Arbeitsmedizin, Arbeitsschutz und Ergonomie, 68*(2), 77–88. https://doi.org/10.1007/s40664-018-0267-8

Dunckel, H. (1996). *Psychologisch orientierte Systemanalyse im Büro*. Bern: Huber.

Dunkel, W. & Kratzer, N. (2016). *Zeit- und Leistungsdruck bei Wissens- und Interaktionsarbeit. Neue Steuerungsformen und subjektive Praxis.* Baden-Baden: Nomos. https://doi.org/10.5771/9783845273396

Edwards, B. D., Franco-Watkins, A. M., Cullen, K. L., Howell, J. W. & Acuff, R. E., Jr. (2014). Unifying the challenge-hindrance and sociocognitive models of stress. *International Journal of Stress Management, 21*(2), 162–185. https://doi.org/10.1037/a0034730

Eisenberger, R. & Aselage, J. (2009). Incremental effects of reward on experienced performance pressure: Positive outcomes for intrinsic interest and creativity. *Journal of Organizational Behavior, 30,* 95–117. https://doi.org/10.1002/job.543

Eppler, M. & Mengis, J. (2004). The concept of information overload: A review of literature from organization science, accounting, marketing, MIS, and related disciplines. *The Information Society, 20*(5), 325–344. https://doi.org/10.1080/01972240490507974

Freude, G. & Ullsperger, P. (2010). Unterbrechungen bei der Arbeit und Multitasking in der modernen Arbeitswelt – Konzepte, Auswirkungen und Implikationen für Arbeitsgestaltung und Forschung. *Zentralblatt für Arbeitsmedizin, Arbeitsschutz und Ergonomie, 60*(4), 120–128. https://doi.org/10.1007/BF03344268

Gemeinsame Deutsche Arbeitsschutzstrategie (GDA). (2017). *Arbeitsschutz in der Praxis. Empfehlungen zur Umsetzung der Gefährdungsbeurteilung psychischer Belastung.* Berlin: Bundesministerium für Arbeit und Soziales.

Grant, A. M. & Parker, S. K. (2009). Redesigning work design theories: The rise of relational and proactive perspectives. *The Academy of Management Annals, 3*(1), 317–375. https://doi.org/10.5465/19416520903047327

Hacker, W. (1973). *Allgemeine Arbeits- und Ingenieurpsychologie*. Berlin: VEB Deutscher Verlag der Wissenschaften.

Hacker, W. (2008). *Informationsflussgestaltung als Arbeits- und Organisationsoptimierung – Jenseits des Wissensmanagements*. Zürich: vdf.

Hacker, W. & Sachse, P. (2014) Allgemeine Arbeitspsychologie. *Psychische Regulation von Tätigkeiten* (3. Aufl.). Göttingen: Hogrefe.

Handrich, Ch., Koch-Falkenberg, C. & Voß, G. (2016). *Professioneller Umgang mit Zeit- und Leistungsdruck.* Baden-Baden: Nomos. https://doi.org/10.5771/9783845273389

Haslam, S. A., Jetten, J., Postmes, T. & Haslam, C. (2009). Social identity, health and well-being: An emerging agenda for applied psychology. *Applied Psychology, 58*(1), 1–23. https://doi.org/10.1111/j.1464-0597.2008.00379.x

Hobfoll, S. E. (1989). Conversation of resources: A new attempt at conceptualizing stress. *American Psychologist, 44*(3), 513–524. https://doi.org/10.1037/0003-066X.44.3.513

Hobfoll, S. E. & Shirom, A. (2000). Conservation of resources theory: Applications to stress and management in the workplace. In R. T. Golembiewski (Ed.), *Handbook of organization behavior* (pp. 57–81). New York: Marcel Dekker.

Holland, D. W. (2007). Work addiction: Costs and solutions for individuals, relationships and organizations. *Journal of Workplace Behavioral Health, 22*(4), 1–15. https://doi.org/10.1080/15555240802156934

Hornung, S. & Höge, T. (2018). Neue Perspektiven auf Arbeitsgestaltung: Berücksichtigung von Selbstausgestaltung und individuellen Aushandlungen. In R. Trimpop, J. Kampe, M. Bald,

I. Seliger & G. Effenberger (Hrsg.), *Psychologie der Arbeitssicherheit und Gesundheit. 20. Workshop 2018* (S. 209–212). Kröning: Asanger.

Hornung, S., Rousseau, D.M., Glaser, J., Angerer, P. & Weigl, M. (2010). Beyond top-down and bottom-up work redesign: Customizing job content through idiosyncratic deals. *Journal of Organizational Behavior, 31*(2–3), 187–215. https://doi.org/10.1002/job.625

Hornung, S., Rousseau, D.M., Weigl, M., Müller, A. & Glaser, J. (2014). Redesigning work through idiosyncratic deals. *European Journal of Work and Organizational Psychology, 23*(4), 608–626. https://doi.org/10.1080/1359432X.2012.740171

Institut DGB-Index Gute Arbeit (Hrsg.). (2019). *Jahresbericht 2019. Themenschwerpunkt Arbeitsintensität*. Berlin: Institut DGB-Index Gute Arbeit.

Janetzke, H. & Ertel, M. (2017). Psychosocial risk management in more and less favourable workplace conditions. *International Journal of Workplace Health Management, 10*(4), 300–317. https://doi.org/10.1108/IJWHM-09-2016-0063

Johnstone, A. & Johnston, L. (2005). The relationship between organizational climate, occupational type and workaholism. *New Zealand Journal of Psychology, 34*(3), 181–188.

de Jonge, J. & Dormann, C. (2006). Stressors, resources, and strain at work: A longitudinal test of the triple-match principle. *Journal of Applied Psychology, 91*(6), 1359–1374. https://doi.org/10.1037/0021-9010.91.5.1359

Junghanns, G. (2012). Termin- und Leistungsdruck. In A. Lohmann-Haislah (Hrsg.), *Stressreport Deutschland 2012. Psychische Anforderungen, Ressourcen und Befinden* (S. 107–112). Dortmund: Bundesanstalt für Arbeitsschutz und Arbeitsmedizin. Verfügbar unter http://www.baua.de/dok/3430796

Junghanns, G. & Kersten, N. (2019). Informationsüberflutung am Arbeitsplatz. Einfluss von Arbeitsanforderungen und Ressourcen. *Zentralblatt für Arbeitsmedizin, Arbeitsschutz und Ergonomie, 3,* 119–132. https://doi.org/10.1007/s40664-018-0320-7

Junghanns, G. & Kersten, N. (2020). Informationsüberflutung am Arbeitsplatz. Gesundheitliche Konsequenzen. *Zentralblatt für Arbeitsmedizin, Arbeitsschutz und Ergonomie, 70,* 8–17. https://doi.org/10.1007/s40664-019-00370-w

Kahn, R.L. & Byosiere, P. (1992). Stress in organizations. In M.D. Dunnette & L.M. Hough (Eds.), *Handbook of industrial and organizational psychology* (pp. 571–650). Palo Alto, CA: Consulting Psychologists Press.

Karasek, R.A. & Theorell, T. (1990). *Healthy Work*. New York: Basic Books.

Kern, M. & Ohly, S. (2020). Brauchen wir Zeitdruck vielleicht manchmal für echtes Engagement? *Personal Quarterly, 72*(3), 14–19.

Kittl, M. (2008). *Informationsstress am Arbeitsplatz – Ursachen und Bewältigung*. Saarbrücken: VDM Verlag Dr. Müller.

Kivimäki, M., Jokela, M., Nyberg, S.T., Singh-Manoux, A., Fransson, E.I., Alfredsson, L. et al. (2015). Long working hours and risk of coronary heart disease and stroke: A systematic review and meta-analysis of published and unpublished data for 603 838 individuals. *The Lancet, 386*(10005), 1739–1746.

Koivu, A., Saarinen, P.I. & Hyrkas, K. (2012). Does clinical supervision promote medical-surgical nurses' well-being at work? A quasi-experimental 4-year follow-up study. *Journal of Nursing Management, 20*(3), 401–413. https://doi.org/10.1111/j.1365-2834.2012.01388.x

Krause, A., Baeriswyl, S., Berset, M., Deci, N., Dettmers, J., Dorsemagen, C., Meier, W., Schraner, S., Stetter, B. & Straub, L. (2014). Selbstgefährdung als Indikator für Mängel bei der Gestaltung mobil-flexibler Arbeit: Zur Entwicklung eines Erhebungsinstruments. *Wirtschaftspsychologie, 17*(4–1), 49–59.

Kreiner, G.E. (2006). Consequences of work-home segmentation or integration: a person-environment fit perspective. *Journal of Organizational Behavior, 27*(4), 485–507. https://doi.org/10.1002/job.386

Kubicek, B., Paskvan, M. & Korunka, C. (2015). Development and validation of an instrument for assessing job demands arising from accelerated change: The intensification of job demands scale (IDS). *European Journal of Work and Organizational Psychology, 24*(6), 898–913. https://doi.org/10.1080/1359432X.2014.979160

Landsbergis, P.A. & Vivona-Vaughan, E. (1995). Evaluation of an occupational stress intervention in a public agency. *Journal of Organizational Behavior, 16*(1), 29–48. https://doi.org/10.1002/job.4030160106

Lazarus, R.S. & Folkman, S. (1984). *Stress, appraisal and coping.* New York: Springer.

Leinhos, J., Baethge, A. & Rigotti, T. (2018). Time and performance pressure. Just two sides of the same coin? *Zeitschrift für Arbeits- und Organisationspsychologie, 62*(1), 1–13. https://doi.org/10.1026/0932-4089/a000256

Leitner, K. (1999). Kriterien und Befunde zu gesundheitsgerechter Arbeit – Was schädigt, was fördert die Gesundheit? In R. Oesterreich & W. Volpert (Hrsg.), *Psychologie gesundheitsgerechter Arbeitsbedingungen. Konzepte, Ergebnisse und Werkzeuge zur Arbeitsgestaltung* (S. 63–124). Bern: Huber.

LePine, J.A., LePine, M.A. & Jackson, C.L. (2004). Challenge and hindrance stress: Relationships with exhaustion, motivation to learn, and learning performance. *The Journal of Applied Psychology, 89*(5), 883–891. https://doi.org/10.1037/0021-9010.89.5.883

Lohmann-Haislah, A. (2020). Stand und Entwicklung der Schlüsselfaktoren 2006, 2012, 2018. In Bundesanstalt für Arbeitsschutz und Arbeitsmedizin (BAuA) (Hrsg.), *Stressreport Deutschland 2020: Psychische Anforderungen, Ressourcen und Befinden* (S. 27–40). Dortmund: Bundesanstalt für Arbeitsschutz und Arbeitsmedizin.

Mäkikangas, A., Bakker, A.B. & Schaufeli, W.B. (2017). Antecedents of daily team job crafting. *European Journal of Work and Organizational Psychology, 26*(3), 421–433. https://doi.org/10.1080/1359432X.2017.1289920

Misra, S. & Stokols, D. (2011). Psychological and health outcomes of perceived information overload. *Environment and Behavior, 44*(6), 737–759. https://doi.org/10.1177/0013916511404408

Montano, D., Hoven, H. & Siegrist, J. (2014). Effects of organisational-level interventions at work on employees' health: A systematic review. *BMC Public Health, 14,* 135. https://doi.org/10.1186/1471-2458-14-135

Moser, K., Preising, K., Göritz, A.S. & Paul, K. (2002). *Steigende Informationsflut am Arbeitsplatz: belastungsgünstiger Umgang mit elektronischen Medien (E-Mail, Internet).* Bremerhaven: Wirtschaftsverlag NW.

Müller, A., Mohr, G. & Rigotti, T. (2004): Differenzielle Aspekte psychischer Beanspruchung aus Sicht der Zielorientierung. *Zeitschrift für Differentielle und Diagnostische Psychologie, 25*(4), 213–225. https://doi.org/10.1024/0170-1789.25.4.213

Nielsen, K. & Abildgaard, J. (2012). The development and validation of a job crafting measure for use with blue-collar workers. *Work & Stress, 26*(4), 365–384. https://doi.org/10.1080/02678373.2012.733543

Nielsen, K. & Randall, R. (2013). Opening the black box: Presenting a model for evaluating organizational-level interventions. *European Journal of Work and Organizational Psychology, 22*(5), 601–617. https://doi.org/10.1080/1359432X.2012.690556

Ng, T.W.H. & Feldman, D.C. (2008). Long work hours: A social identity perspective on meta-analysis data. *Journal of Organizational Behavior, 29*(7), 853–880. https://doi.org/10.1002/job.536

Nylén, E.C., Lindfors, P., Ishäll, L., Göransson, S., Aronsson, G., Kylin, C. & Sverke, M. (2017). A pilot-study of a worksite based participatory intervention program: Its acceptability and short-term effects on work climate and attitudes in human service employees. *Journal of Prevention, Assessment & Rehabilitation, 56*(4), 625–636. https://doi.org/10.3233/WOR-172522

Oesterreich, R. (1981). *Handlungsregulation und Kontrolle.* München: Urban & Schwarzenberg.

Oesterreich, R. (1999). Konzepte zu Arbeitsbedingungen und Gesundheit – Fünf Erklärungsmodelle im Vergleich. In R. Oesterreich & W. Volpert (Hrsg.), *Psychologie gesundheitsgerechter Arbeitsbedingungen. Konzepte, Ergebnisse und Werkzeuge zur Arbeitsgestaltung* (S. 141–215). Bern: Huber.

Pfeiffer, S. (2012). Technologische Grundlagen der Entgrenzung: Chancen und Risiken. In B. Badura, A. Ducki, H. Schröder, J. Klose & M. Meyer (Hrsg.), *Fehlzeiten-Report 2012* (S. 15–21). Berlin: Springer.

Piecha, A. & Hacker, W. (2020). *Informationsflut am Arbeitsplatz – Umgang mit großen Informationsmengen vermittelt durch elektronische Medien.* Dortmund: Bundesanstalt für Arbeitsschutz und Arbeitsmedizin.

Podsakoff, N.P., LePine, J.A. & LePine, M.A. (2007). Differential challenge stressor-hindrance stressor relationships with job attitudes, turnover intentions, turnover, and withdrawal behavior: A meta-analysis. *Journal of Applied Psychology, 92*(2), 438–454. https://doi.org/10.1037/0021-9010.92.2.438

Preising, K. (2004). *Informationsüberflutung am Arbeitsplatz – Entwicklung und psychometrische Evaluation eines Analyseverfahrens zur Erfassung und Bewertung von Informationsüberflutung am Arbeitsplatz aufgrund der Neuen Medien (E-Mail; Internet).* Hamburg: Verlag Dr. Kovac.

Proctor, R.W. & Schneider, D.W. (2018). Hick`s law for choice reaction time: a review. *Quarterly Journal of Experimental Psychology, 71*(6), 1281–1299. https://doi.org/10.1080/17470218.2017.1322622

Rau, R. & Göllner, C. (2018). Rahmenmodell der Arbeitsintensität als objektiv bestehende Anforderung. *Arbeit, 27*(2), 151–174. https://doi.org/10.1515/arbeit-2018-0012

Rau, R. & Hoppe, J. (2020). *Neue Technologien und Digitalisierung in der Arbeitswelt. Erkenntnisse für die Prävention und betriebliche Gesundheitsförderung.* Dresden: Initiative Gesundheit und Arbeit.

Rickard, G., Lenthall, S., Dollard, M., Opie, T., Knight, S., Dunn, S., Wakerman, J., MacLeod, M., Seller, J. & Brewster-Webb, D. (2012). Organisational intervention to reduce occupational stress and turnover in hospital nurses in the Northern Territory, Australia. *Collegian, 19*(4), 211–221. https://doi.org/10.1016/j.colegn.2012.07.001

Roe, R.A. & Zijlstra, F.R.H. (2000). Work pressure. Results of a conceptual and empirical analysis. In M. Vartiainen, F. Avallone & N. Anderson (Eds.), *Innovative theories, tools, and practices in work and organizational psychology* (pp. 29–45). Toronto: Hogrefe & Huber Publishers.

Rohmert, W. (1984). Das Belastungs-Beanspruchungs-Konzept. *Zeitschrift für Arbeitswissenschaft, 38,* 193–200.

Rohmert, W. & Rutenfranz, J. (1975). *Arbeitswissenschaftliche Beurteilung der Belastung und Beanspruchung an unterschiedlichen industriellen Arbeitsplätzen.* Bonn: Bundesminister für Arbeit und Sozialordnung.

Rosa, H. (2014). From work-life to work-age balance? Acceleration, alienation and appropriation at the workplace. In C. Korunka & P. Hoonakker (Eds.), *The impact of ICT on quality of working life* (pp. 43–61). Dordrecht: Springer.

Rothe, I., Adolph, L., Beermann, B., Schütte, M., Windel, A., Grewer, A. et al. (2017). *Psychische Gesundheit in der Arbeitswelt. Wissenschaftliche Standortbestimmung.* Dortmund: Bundesanstalt für Arbeitsschutz und Arbeitsmedizin.

Schuller, K. (2020). Interventions as the centrepiece of psychosocial risk assessment – why so difficult? *International Journal of Workplace Health Management, 13*(1), 61–80. https://doi.org/10.1108/IJWHM-07-2018-0098

Schuller, K., Schulz-Dadaczynski, A. & Beck, D. (2018). Methodische Vorgehensweisen bei der Ermittlung und Beurteilung psychischer Belastung in der betrieblichen Praxis. *Zeitschrift für Arbeits- und Organisationspsychologie, 62*(3), 126–141. https://doi.org/10.1026/0932-4089/a000269

Schultze, U. & Vandenbosch, B. (1998). Information overload in a groupware environment: Now you see it, now you don't. *Journal of Organizational Computing and Electronic Commerce, 8*(2), 127–148. https://doi.org/10.1207/s15327744joce0802_3

Schulz-Dadaczynski, A. (2017). Umgang mit Zeit- und Leistungsdruck. Eher Anpassung als Reduktion? *Prävention und Gesundheitsförderung, 12*(3), 160–166. https://doi.org/10.1007/s11553-017-0582-5

Schulz-Dadaczynski, A. (2020). Termin- oder Leistungsdruck. In Bundesanstalt für Arbeitsschutz und Arbeitsmedizin (Hrsg.), *Stressreport Deutschland 2020: Psychische Anforderungen, Ressourcen und Befinden* (S. 40–47). Dortmund: Bundesanstalt für Arbeitsschutz und Arbeitsmedizin.

Schulz-Dadaczynski, A. & Janetzke, H. (2020). Preconditions for coping with time and performance pressure in different ways. *Scandinavian Journal of Work and Organizational Psychology, 5*(1): 10, 1–16. https://doi.org/10.16993/sjwop.106

Schulz-Dadaczynski, A. & Junghanns, G. (2014). Gefordert unter Druck? Anforderungen und Zeitdruck bei qualifizierter Dienstleistungsarbeit. *Psychologie des Alltagshandelns, 7*(2), 20–36.

Schulz-Dadaczynski, A., Junghanns, G. & Lohmann-Haislah, A. (2019). Extensives und intensiviertes Arbeiten in der digitalisierten Arbeitswelt – Verbreitung, gesundheitliche Risiken und mögliche Gegenstrategien. In B. Badura, A. Ducki, H. Schröder, J. Klose & M. Mayer (Hrsg.), *Fehlzeiten-Report 2019. Digitalisierung* (S. 267–283). Berlin: Springer. https://doi.org/10.1007/978-3-662-59044-7_18

Schwendener, S., Berset, M. & Krause, A. (2017). Strategien von Teams im Umgang mit Zeitdruck. *Zeitschrift für Arbeits- und Organisationspsychologie, 61*(2), 81–92. https://doi.org/10.1026/0932-4089/a000229

Seidler, A., Steputat, A., Drössler, S., Schubert, M., Günther, N., Staudte, R. & Hegewald, J. (2018). Determinanten und Auswirkungen von Informationsüberflutung am Arbeitsplatz: Ein systematischer Review. *Zentralblatt für Arbeitsmedizin, Arbeitsschutz und Ergonomie, 68*(1), 12–26. https://doi.org/10.1007/s40664-017-0252-7

Semmer, N.K., Tschan, F., Jacobshagen, N., Beehr, T.A., Elfering, A., Kälin, W. & Meier, L.L. (2019). Stress as Offense to Self: a Promising Approach Comes of Age. *Occupational Health Science, 3*(3), 205–238. https://doi.org/10.1007/s41542-019-00041-5

Shirom, A. (1989) Burnout in work organizations. In C.L. Cooper & L. Robertson (Eds.), *International Review of Industrial and Organizational Psychology* (pp. 25–48). New York: Wiley.

Snir, R. & Harpaz, I. (2012). Beyond workaholism: Towards a general model of heavy work investment. *Human Resource Management Review, 22*(3), 232–243. https://doi.org/10.1016/j.hrmr.2011.11.011

Soucek, R. (2009) Informationsüberlastung durch E-Mail-Kommunikation. In B.U. Stetina & I. Kryspin-Exner (Hrsg.), *Gesundheit und Neue Medien – Psychologische Aspekte der Interaktion mit Informations- und Kommunikationstechnologien* (S. 57–70). Wien: Springer. https://doi.org/10.1007/978-3-211-72015-8_3

Soucek, R. & Moser, K. (2010). Coping with information overload in email communication: Evaluation of a training intervention. *Computers in Human Behavior, 26,* 1458–1466. https://doi.org/10.1016/j.chb.2010.04.024

Sparrow, P. (1999). Strategy and cognition: Understanding the role of management knowledge structures, organizational memory and information overload. *Creativity and innovation management, 8*(2), 140–148. https://doi.org/10.1111/1467-8691.00128

Stab, N. & Hacker, W. (2018). Participatory redesign of work organisation in hospital nursing: A study of the implementation process. *Journal of Nursing Management, 26*(4), 382–392. https://doi.org/10.1111/jonm.12545

Stab, N., Jahn, S. & Schulz-Dadaczynski, A. (2016). *Psychische Gesundheit in der Arbeitswelt. Arbeitsintensität*. Dortmund: Bundesanstalt für Arbeitsschutz und Arbeitsmedizin.

Stab, N. & Schulz-Dadaczynski, A. (2017). Arbeitsintensität: Ein Überblick zu Zusammenhängen mit Beanspruchungsfolgen und Gestaltungsempfehlungen. *Zeitschrift für Arbeitswissenschaft, 71,* 14–25. https://doi.org/10.1007/s41449-017-0048-9

Statistisches Bundesamt (Destatis). (2018). *Mikrozensus 2017*. Verfügbar unter https://www.destatis.de/DE/Methoden/Qualitaet/Qualitaetsberichte/Bevoelkerung/mikrozensus-2017.html

Statistisches Bundesamt (Destatis). (2021). *Unternehmen mit Computernutzung, Internetzugang und weiteren Kennzahlen im Zeitvergleich*. Verfügbar unter https://www.destatis.de/DE/Themen/Branchen-Unternehmen/Unternehmen/IKT-in-Unternehmen-IKT-Branche/Tabellen/iktu-01-computernutzung-internetzugang.html;jsessionid=978DCFA22278B3A98F12C16A0F65EFB7.live711

Sykes, E. R. (2011). Interruptions in the workplace: A case study to reduce their effects. *International Journal of Information Management, 31*(4), 385–394. https://doi.org/10.1016/j.ijinfomgt.2010.10.010

Taris, T. W., Kompier, M. A. J., Geurts, S. A. E., Schreurs, P. J. G., Schaufeli, W. B., de Boer, E., Sepmeijer, K. J. & Watterz, C. (2003). Stress management interventions in the Dutch domiciliary care sector: Findings from 81 organizations. *International Journal of Stress Management, 10*(4), 297–325. https://doi.org/10.1037/1072-5245.10.4.297

Tims, M. & Bakker, A. B. (2010). Job crafting: Towards a new model of individual job redesign. *SA Journal of Industrial Psychology, 36*(2), 1–9. https://doi.org/10.4102/sajip.v36i2.841

Toffler, A. (1970). *Future shock*. New York: Random House.

Trägner, U. (2006). *Arbeitszeitschutzrechtliche Bewertung der Intensität von Arbeitsleistungen unter besonderer Berücksichtigung der Rechtsprechung des Europäischen Gerichtshofes zum Bereitschaftsdienst*. Konstanz: Hartung-Gorre.

Ulich, E. (2013). Arbeitssysteme als Soziotechnische Systeme – eine Erinnerung. *Psychologie des Alltagshandelns, 6*(1), 4–12.

Van Wingerden, J., Derks, D. & Bakker, A. B. (2017). The impact of personal resources and job crafting interventions on work engagement and performance. *Human Resource Management, 56*(1), 51–67. https://doi.org/10.1002/hrm.21758

ver.di – Vereinte Dienstleistungsgewerkschaft Bereich Innovation und Gute Arbeit (Hrsg.). (2019). *Arbeitsintensität – Perspektiven, Einschätzungen, Positionen aus gewerkschaftlicher Sicht*. Berlin: ver.di.

Virtanen, M., Jokela, M., Madsen, I. E., Hanson, L. L. M., Lallukka, T., Nyberg, S. T et al. (2018). Long working hours and depressive symptoms: systematic review and metaanalysis of published studies and unpublished individual participant data. *Scandinavian Journal of Work and Environmental Health, 44*(3), 239–250. https://doi.org/10.5271/sjweh.3712

Volpert, W. (1971). *Sensumotorisches Lernen*. Frankfurt am Main: Limpert.

Wendsche, J. & Lohmann-Haislah, A. (2017). A meta-analysis on antecedents and outcomes of detachment from work. *Frontiers in Psychology, 7*. https://doi.org/10.3389/fpsyg.2016.02072

Widmer, P. S., Semmer, N. K., Kälin, W., Jacobshagen, N. & Meier, L. L. (2012). The ambivalence of challenge stressors: Time pressure associated with both negative and positive well-being. *Journal of Vocational Behavior, 80,* 422–433. https://doi.org/10.1016/j.jvb.2011.09.006

Wohlers, K. & Hombrecher, M. (2016). *Entspann dich, Deutschland – TK-Stressstudie 2016*. Hamburg: Techniker Krankenkasse. Verfügbar unter https://www.tk.de/resource/blob/2026630/9154e4c71766c410dc859916aa798217/tk-stressstudie-2016-data.pdf

Wöhrmann, A. M., Gerstenberg, S., Hünefeld, L., Pundt, F., Reeske-Behrens, A., Brenscheidt, F. & Beermann, B. (2016). *Arbeitszeitreport Deutschland 2016*. Dortmund: Bundesanstalt für Arbeitsschutz und Arbeitsmedizin.

Zimber A. & Rigotti T. (2015). *Multitasking. Komplexe Anforderungen im Arbeitsalltag verstehen, bewerten und bewältigen*. Göttingen: Hogrefe. https://doi.org/10.1026/02551-000

# 9 Anhang

## 9.1 Fragebogeninstrumente mit Skalen zu Arbeitsintensität

Es liegen etliche Fragebogeninstrumente vor, die Skalen zur Erfassung von Arbeitsintensität enthalten. Die Instrumente bzw. Skalen sind teilweise frei verfügbar oder können über die jeweiligen Autor:innen (kostenpflichtig) bezogen werden. Nachfolgende Fragebögen werden als Beispiele genannt, ausdrücklich ohne Anspruch auf Vollständigkeit oder Bewertung der Qualität. Es empfiehlt sich, um ein für die jeweilige Fragestellung geeignetes Verfahren auszuwählen, immer die jeweiligen Berichte und Veröffentlichungen zur Entwicklung und Anwendung des Fragebogens zu lesen. Diese geben in der Regel Auskunft über die Anwendungsbereiche, erforderliche Ressourcen und Unterstützungsmöglichkeiten beim Einsatz sowie die psychometrischen Eigenschaften.

| Titel | Kurzbeschreibung |
|---|---|
| Instrument zur stressbezogenen Tätigkeitsanalyse (ISTA) | Branchenübergreifender Fragebogen auf der Basis von Stresstheorien und der Handlungsregulationstheorie, der über die Autor:innen bezogen werden kann. Es gibt eine eigene Skala zu Zeitdruck sowie weitere Skalen bspw. zu Arbeitskomplexität oder Zeitspielräumen.<br><br>Weblink: https://www.uni-frankfurt.de/45673143/Stressbezogene_Arbeitsanalyse_mit_ISTA<br><br>*Literatur:*<br><br>Semmer, N.K., Zapf, D. & Dunckel, H. (1999). Instrument zur streßbezogenen Tätigkeitsanalyse (ISTA). In H. Dunckel (Hrsg.), *Handbuch psychologischer Arbeitsanalyseverfahren* (S. 179–204). Zürich: vdf. |
| Copenhagen Psychosocial Questionnaire (COPSOQ) | Branchenübergreifender Fragebogen, der auf unterschiedlichen Modellen basiert. Der Fragebogen ist in einer Lang- und einer Kurzversion erhältlich und kann als Printversion heruntergeladen oder online ausprobiert werden. Es gibt einen umfassenden Bericht zur Entwicklung des Fragebogens. Der Fragebogen enthält eine Skala zu Anforderungen bei der Arbeit, durch die hauptsächlich Arbeitsintensität erfasst wird.<br><br>Weblink: https://www.copsoq.de/<br><br>*Literatur:*<br><br>Nübling, M., Stößel, U., Hasselhorn, H.M., Michaelis, M. & Hofmann, F. (2005). *Methoden zur Erfassung psychischer Belastungen. Erprobung eines Messinstruments (COPSOQ)* (Schriftenreihe der Bundes nstalt für Arbeitsschutz und Arbeitsmedizin, Fb 1058). Verfügbar unter https://www.baua.de/DE/Angebote/Publikationen/Schriftenreihe/Forschungsberichte/2005/Fb1058.html |

| Titel | Kurzbeschreibung |
|---|---|
| Effort-Reward Imbalance Questionnaire (ERI) | Branchenübergreifender Fragebogen, der in einer Kurz- und einer Langversion in unterschiedlichen Sprachen bezogen werden kann. Ein Bericht über die psychometrischen Eigenschaften des Fragebogens liegt ebenfalls vor und ist frei zugänglich. Der Fragebogen enthält keine eigene Skala zu Arbeitsintensität, jedoch einige Items, d.h. einzelne Fragen zum Thema.<br><br>Weblink: https://www.uniklinik-duesseldorf.de/patienten-besucher/klinikeninstitutezentren/institut-fuer-medizinische-soziologie/das-institut/forschung/the-eri-model-stress-and-health/eri-questionnaires |
| Stressbezogene Arbeitsanalyse für Klinikärztinnen und -ärzte (ISAK-K) | Berufsgruppenspezifischer Fragebogen, der kostenfrei zur Verfügung gestellt wird, inklusive unterstützender Software. Er erfasst Stressoren und Ressourcen bei der Arbeit und deckt bei den Stressoren auch Zeitdruck ab.<br><br>Hier gibt es Informationen zum Fragebogen sowie die Möglichkeit des Downloads: https://www.bgw-online.de/resource/blob/22092/d0d3947acfc8696e3833a95258e723a9/20210604_ISAK_Layout.pdf |
| Trierer Inventar zum chronischen Stress (TICS) | Branchenübergreifender Fragebogen zu chronisch andauernden Belastungssituationen, der kostenpflichtig bezogen werden kann. Er enthält eine eigene Skala zu Arbeitsüberlastung sowie zu Erfolgsdruck (als Resultat zu hoher Anforderungen).<br><br>Weblink: https://www.testzentrale.de/shop/trierer-inventar-zum-chronischen-stress.html<br><br>*Literatur:*<br><br>Petrowski, K., Paul, S., Albani, C. & Brähler, E. (2012). Factor structure and psychometric properties of the Trier Inventory for Chronic Stress (TICS) in a representative German sample. *BMC Medical Research Methodology*, 12:42. https://doi.org/10.1186/1471-2288-12-42 |

## 9.2 Arbeitsanalyseverfahren mit Verfahrensteilen zu Arbeitsintensität

Arbeitsanalyseverfahren stellen eine weitere Möglichkeit dar, Arbeitsintensität im Betrieb zu erfassen. Hierbei werden vor Ort an ausgewählten Arbeitsplätzen die Arbeitsbedingungen ermittelt und eingeschätzt. Meistens kommt dabei die Methode des Beobachtungsinterviews zur Anwendung, d.h. die Kombination aus Beobachtung (Begehung) am Arbeitsplatz und mündlicher Befragung der Beschäftigten. Nachfolgend werden drei Verfahren – wiederum als Beispiele ohne Anspruch auf Vollständigkeit und Qualitätsbewertung – vorgestellt, die eigene Verfahrensteile zu Arbeitsintensität enthalten.

| Titel | Kurzbeschreibung |
|---|---|
| Verfahren zur Ermittlung von Regulationshindernissen in der Arbeitstätigkeit (RHIA) | Das RHIA-Verfahren basiert auf dem Anforderungs-Belastungs-Konzept und leitet bei der Ermittlung sogenannter „Regulationsbehinderungen“ bei der Ausführung von Arbeitstätigkeiten an. Bei diesen Regulationsbehinderungen wird auch der Zeitdruck ermittelt, der als aufgabenimmanente Regulationsüberforderung gilt. Es gibt eine Version des Verfahrens für Produktionstätigkeiten und eine für Büroarbeit. Das Verfahren besteht aus einem ausführlichen Manual und einem Handbuch, mit denen sich Anwender:innen gut vertraut machen sollten, sowie Erhebungsblättern, die bei der Anwendung im Betrieb unterstützen.<br><br>Weblink: https://apa.cs.tu-berlin.de/Untersuchungsinstrumente%20und%20Leitfaeden.html<br><br>*Literatur:*<br><br>Leitner, K., Lüders, E., Greiner, B., Ducki, A., Niedermeier, R. & Volpert, W. (1993). *Analyse psychischer Anforderungen und Belastungen in der Büroarbeit. Das RHIA/VERA-Büro-Verfahren*. Göttingen: Hogrefe.<br>Oesterreich, R., Leitner, K. & Resch, M. (2000). *Analyse psychischer Anforderungen und Belastungen in der Produktionsarbeit. Das Verfahren RHIA/VERA-Produktion.* Göttingen: Hogrefe. |
| Kontrastive Aufgabenanalyse im Büro (KABA) | Das KABA-Verfahren wurde ursprünglich zur Analyse von Büroarbeit entwickelt, jedoch im Zeitverlauf auch für andere Bereiche adaptiert und angewendet. Es basiert ebenfalls auf dem Anforderungs-Belastungs-Konzept und enthält einen eigenen Verfahrensabschnitt zur Ermittlung von Zeitdruck als aufgabenimmanente Überforderung sowie einen weiteren Verfahrensteil zu zeitlichen Spielräumen bei der Arbeit. Zeitdruck wird mit dem Verfahren über Arbeitsrückstände gemessen, die durch Maßnahmen der Beschäftigten – wie bspw. Überstunden oder das Durcharbeiten von Pausen – ausgeglichen werden müssen. Zudem wird nach den Ursachen von Arbeitsrückständen sowie Schwankungen des Zeitdrucks gefragt. Ein Manual und Antwortblätter leiten bei der Erhebung im Betrieb an.<br><br>*Literatur:*<br><br>Dunckel, H., Volpert, W., Zölch, M., Kreutner, U., Pleiss, C. & Hennes, K. (1993). *Kontrastive Aufgabenanalyse im Büro. Der KABA-Leitfaden*. Zürich: vdf.<br>Dunckel, H. & Pleiss, C. (2007). *Kontrastive Aufgabenanalyse. Grundlagen, Entwicklungen und Anwendungserfahrungen*. Zürich: vdf. |

| Titel | Kurzbeschreibung |
|---|---|
| Tätigkeitsbewertungs-system (TBS) und Tätigkeits-bewertungssystem für geistige Arbeit (TBS-GA) | Das TBS basiert auf der Handlungsregulationstheorie und dem Konzept der vollständigen Tätigkeit. Im Fokus stehen der Arbeitsauftrag und die Ausführungsbedingungen, die gesundheits- und persönlichkeitsförderlich gestaltet werden sollen. Ursprünglich wurde das TBS für Bedienungs-, Montage- und Überwachungsarbeiten konzipiert, später aber für vorwiegend geistige Tätigkeiten (TBS-GA) weiterentwickelt. Durch systematische Tätigkeitsbeobachtung anhand von Beobachtungsinterviews können fünf Merkmalskomplexe erfasst werden (Organisatorische und technische Bedingungen, Kooperation und Kommunikation, Verantwortung, die aus dem Arbeitsauftrag erfolgt, Erforderliche Denkanforderungen sowie Qualifikations- und Lernerfordernisse). Für Arbeitsintensität sind die Skalen zeitliche Freiheitsgrade, Zyklusdauer, widersprüchliche Arbeitsanforderungen und körperliche Abwechslung besonders relevant. TBS und TBS-GA bestehen aus einem ausführlichen Manual und einem Handbuch, mit denen sich Anwender:innen gut vertraut machen sollten, sowie Erhebungsblättern, die bei der Anwendung im Betrieb unterstützen. Zudem existiert eine Softwarelösung zur Ergebnisauswertung und -aufbereitung.<br><br>*Literatur:*<br><br>Hacker, W., Fritsche, B., Richter, P. & Iwanowa, A. (1995). *Tätigkeitsbewertungssystem (TBS). Verfahren zur Analyse, Bewertung und Gestaltung von Arbeitstätigkeiten*. Zürich: vdf.<br>Rudolph, E., Schönfelder, E. & Hacker, W. (2017). *Tätigkeitsbewertungssystem – Geistige Arbeit (Langform)*. Mattersburg: PT Verlag. |

## 9.3 Handlungshilfen verschiedener Institutionen

Verschiedene Institutionen bieten eine Reihe von Handlungshilfen und Broschüren zur Thematik psychischer Belastung am Arbeitsplatz an, die auch das Thema Arbeitsintensität bzw. ausgewählte Aspekte zum Thema tangieren. Ein Blick bzw. eine gezieltere Suche lohnt sich bspw. auf der Seite der Bundesanstalt für Arbeitsschutz und Arbeitsmedizin (BAuA; https://www.baua.de) und der Initiative Neue Qualität der Arbeit (INQA; https://www.inqua.de/), aber auch auf den Seiten der einzelnen Berufsgenossenschaften, die hier branchenspezifische Informationen anbieten, oder dem Portal der Gemeinsamen Deutschen Arbeitsschutzstrategie (GDA; https://www.gda-portal.de). Nachfolgend werden Handlungshilfen unterschiedlicher Institutionen exemplarisch vorgestellt.

| Titel | Kurzbeschreibung |
|---|---|
| Leitfaden zur Stationsorganisation | Der branchenspezifische Leitfaden für Pflegeeinrichtungen der BAuA behandelt anschaulich insgesamt 16 Bausteine für eine gute Stationsorganisation. Einige Bausteine wie bspw. „Dienstplangestaltung“, „Pflegeprozess“ oder „Informationsflussgestaltung“ sind unmittelbar relevant für die Gestaltung von Arbeitsintensität. Der Leitfaden geht auch auf wichtige Faktoren eines guten Gestaltungsprozesses ein.<br><br>Bundesanstalt für Arbeitsschutz und Arbeitsmedizin (BAuA). (2016). *Gute Stationsorganisation. Ein Leitfaden für Pflegeeinrichtungen*. Berlin: Bundesanstalt für Arbeitsschutz und Arbeitsmedizin. Verfügbar unter https://www.baua.de/DE/Angebote/Publikationen/Praxis/Stationsorganisation.html |
| Praxisordner „Kein Stress mit dem Stress“ | Der Praxisordner „Kein Stress mit dem Stress“ der INQA ist eine Handlungshilfe für Führungskräfte und Unternehmen, in der das Thema psychische Belastung umfassend behandelt wird. Es gibt ein eigenes Kapitel zum Thema „Arbeitsverdichtung“ mit konkreten Tipps für Führungskräfte und Unternehmen sowie Beispielen und Ideen aus der Praxis. Über das Webportal des INQA-Projektes „Psychische Gesundheit in der Arbeitswelt“ (psyGA; https://www.psyga.info/) sind zudem weitere Handlungshilfen, bspw. speziell für Beschäftigte oder auch Personal- und Betriebsräte, verfügbar.<br><br>Initiative Neue Qualität der Arbeit (INQA). (2015). *Kein Stress mit dem Stress. Lösungen und Tipps für Führungskräfte und Unternehmen. Mit vielen Arbeitshilfen und Praxisbeispielen*. Berlin: Initiative Neue Qualität der Arbeit. Verfügbar unter https://inqa.de/DE/wissen/gesundheit/physische-und-psychische-gesundheit/fuehrungskraft-kein-stress-mit-dem-stress.html |
| Broschüren der Berufsgenossenschaften: „Erweiterte Erreichbarkeit“ und „Gesund und Motivierend Führen“ | Bei der Verwaltungsberufsgenossenschaft (VBG) ist eine Broschüre zum Thema der erweiterten Erreichbarkeit verfügbar. Erweiterte Erreichbarkeit, wie z. B. das Prüfen von E-Mails oder arbeitsbezogene Telefonate in der Freizeit bis hin zur Aufnahme von Arbeitstätigkeiten nach Feierabend, ist eine Facette des extensiven Arbeitens und tangiert somit auch das Thema Arbeitsintensität.<br><br>Verwaltungsberufsgenossenschaft (VBG). (2019). *Erweiterte Erreichbarkeit. Gut gestaltet im Betrieb*. Hamburg: Verwaltungsberufsgenossenschaft. Verfügbar unter https://www.vbg.de/SharedDocs/Medien-Center/DE/Broschuere/Themen/Gesundheit_im_Betrieb/VBG-Fachwissen_Erreichbarkeit.pdf?__blob=publicationFile&v=5<br><br>Die Berufsgenossenschaft für Gesundheitsdienst und Wohlfahrtspflege (BGW) bietet eine Broschüre zum gesunden und motivierenden Führen an. Die Broschüre behandelt sowohl das Thema der |

| Titel | Kurzbeschreibung |
|---|---|
| | Selbst- als auch Mitarbeiterführung und gibt viele Denkanstöße zum Management von Stressoren und Ressourcen bei der Arbeit. Hierbei wird auch das Thema der Arbeitsintensität immer wieder mit angesprochen.<br>Berufsgenossenschaft für Gesundheitsdienst und Wohlfahrtspflege (BGW). (2017). *Gesund und motivierend führen. Wie Führungskräfte ihr Team und sich selbst stärken*. Hamburg: Berufsgenossenschaft für Gesundheitsdienst und Wohlfahrtspflege. Verfügbar unter https://www.bgw-online.de/bgw-online-de/service/medien-arbeitshilfen/medien-center/gesund-und-motivierend-fuehren-14708 |

## 9.4 Praxisbeispiele in Datenbanken, Fachbüchern und Broschüren

In Datenbanken im Internet oder auch in Fachbüchern und Broschüren lassen sich Beispiele aus der Praxis finden, in denen Unternehmen auch das Thema der Arbeitsintensität durch Gestaltungsprozesse bearbeiten. Nachfolgend wird auf drei Beispiele verwiesen.

### Praxisdatenbanken

In der Datenbank https://www.good-practice.org sind Praxisbeispiele zu unterschiedlichen Themen aufgeführt. Unter dem Gestaltungsbereich „Arbeitszeit“, aber insbesondere im Themenfeld „Unternehmens-/Organisationsentwicklung (Aufbau- und Ablauforganisation)“ finden sich Unternehmensbeispiele, bei denen auch eine zu hohe Arbeitsintensität gestaltet wurde.

**Praxisbeispiel: Optimierung der Arbeitsabläufe in einer stationären Pflegeeinrichtung**

Verwiesen sei insbesondere auf das Beispiel des Caritas-Seniorencentrum unter https://www.good-practice.org/out.php?idart=42&dbstart=10&dbid=336&dbaction=view. In einer stationären Pflegeeinrichtung wurden hier die Arbeitsabläufe mit dem Ziel einer Belastungsreduktion für die Beschäftigten bei gleichzeitiger Sicherung der Pflegequalität optimiert. In diesem Zusammenhang wurden bspw. die Abfolge von Arbeitsaufträgen verändert, die Dienstplangestaltung verbessert und Aufgaben neu verteilt. Durch die Maßnahmen gelang es zum Beispiel, die Überstunden der Beschäftigten deutlich zu reduzieren.

## Fachbücher

### Praxisbeispiel: Workshops zur Bearbeitung von Arbeitsintensität bei produktionsnahen Wissenstätigkeiten

Im „Handbuch psycho-soziale Gestaltung digitaler Produktionsarbeit" findet sich ein Beispiel für ein Workshop-Konzept, bei dem spezifisch die Thematik Arbeitsintensität durch ein partizipatives Vorgehen mit Beschäftigten bearbeitet, Ursachen geklärt und Maßnahmen vereinbart wurden:

Iber, B. (2019). Arbeitsintensität als Gestaltungsaufgabe: gute Praxislösungen von produktionsnaher Wissensarbeit. In A. Gerlmaier & E. Latniak (Hrsg.), *Handbuch psycho-soziale Gestaltung digitaler Produktionsarbeit* (S. 235–252). Wiesbaden: Springer Gabler. https://doi.org/10.1007/978-3-658-26154-2_14

### Praxisbeispiel: Veränderte Stationsorganisation

In dem Buch „Stationen organisieren" finden sich Praxisbeispiele zur Stationsorganisation, die auch das Thema der Arbeitsintensität aufgreifen:

Karmann, C., Simski, S. & Stab, N. (2020). *Stationen organisieren. Ein Praxisleitfaden für Führungskräfte in der Pflege.* Stuttgart: Thieme. https://doi.org/10.1055/b-0039-172097

Nachfolgend werden konkrete Beispiele geschildert, die dem Buch entnommen sind:

- *Priorisierungen in stressigen Diensten* (aus Karmann et al., 2020, S. 57. Abdruck erfolgt mit freundlicher Genehmigung der Thieme Verlagsgruppe.). Fast alle Pflegenden kennen Situationen, in denen sich ein Kollege kurz vor Dienstbeginn krankmeldet und so schnell kein Ersatz gefunden werden kann. Nun heißt es entweder „Augen zu und durch", die Pause wird gestrichen, oder anhand des vereinbarten Schichtablaufs Prioritäten setzen. Für solche Situationen sollte im Schichtablaufplan eine Festlegung getroffen werden, welche Tätigkeiten eine hohe Priorität haben, und welche nicht erledigt oder an den nächsten Dienst übergeben werden können. Oberste Priorität sollten hierbei die Tätigkeiten haben, die für die Therapie des Patienten unmittelbar notwendig sind (z. B. Medikamentengabe), mit anderen Abteilungen des Krankenhauses eng verzahnt sind (z. B. OP-Vorbereitung), und bei denen durch Weglassen ein Schaden entsteht (z. B. Dekubitusprophylaxe). Eine solche Priorisierung sollte immer im gesamten Stationsteam erarbeitet und vereinbart werden. Hierzu zählen auch Hilfskräfte, Auszubildende und Ärzte. Nicht alle Kollegen werden hier einer Meinung sein, deshalb ist es wichtig, gerade auch die Kollegen einzubeziehen, die einer Priorisierung kritisch gegenüberstehen.
  Die Entscheidung sollte als Mehrheitsentscheidung getroffen werden. Am Ende dieses Prozesses muss ein von allen Teammitgliedern akzeptierter Konsens stehen. Führungskräfte sollten von eher kritischen Kollegen zur getroffenen Vereinbarung ein deutliches „Ja!" einholen. Eine solche Priorisierung funktioniert nur so lange wie alle die Vereinbarung als verbindlich akzeptieren.

**Tabelle 16:** Beispielhafter Schichtablaufplan (Diakonissenkrankenhaus Dresden)

| Diakonissenkrankenhaus Dresden | Standard |
|---|---|
| **Gültigkeitsbereich:**<br>☒ Arzt ☒ Pflege ☐ Verwaltung | **Schichtablaufplan**<br>Musterstation |

**Priorität:**

**A** – absolut notwendig (ist unbedingt durchzuführen und zeitlich nicht flexibel)

**B** – wichtig (sollte durchgeführt werden, ist aber zeitlich flexibel)

**C** – wünschenswert (kann auf nächste Schicht übertragen werden)

| Uhrzeit | Tätigkeit | verantwortlich | Priorität |
|---|---|---|---|
| 06:00 | Übergabe | Bereichspflegekraft | **A** |
| 06:30 | Körperpflege | Pflegehilfskräfte | **B** |
| 07:00 | OP-Vorbereitung | Bereichspflegekraft | **A** |
| 08:00 | Aufnahme von OP-Patienten | Zwischendienst | **A** |
| 08:00 | Medikamentengabe | Bereichspflegekraft | **A** |
| 08:00 | erneuernder Desinfektionslösungen | Hilfskräfte | **C** |
| 08:30 | Dokumentation | Bereichspflegekraft | **B** |
| 09:00 | Frühstückspause | alle Mitarbeiter | **B** |
| 10:00 | Visite | Bereichspflegekräfte | **B** |
| 11:00 | Oberflächen reinigen | Hilfskräfte | **C** |
| 11:30 | Mobilisation von Patienten | Hilfskräfte | **C** |
| | | | |
| | | | |
| | | | |

Dienste, bei denen die Priorisierung angewendet wurde, sollten von der Führungskraft kurz mit den diensthabenden Kollegen nachbesprochen und aktiv nach Problemen gefragt werden. Erfahrungsgemäß geraten solche Regelungen schnell in Vergessenheit, wenn sie nicht besprochen werden und Probleme in der Umsetzung von Führungskräften proaktiv bearbeitet werden. Das beste Instrument verliert im rasant sich wandelnden Krankenhausalltag irgendwann seine Gültigkeit. Deshalb sollte die Priorisierung des Schichtablaufs einmal jährlich in einer Teamsitzung besprochen werden und ihre Gültigkeit von allen

Teammitgliedern bestätigt werden. Gerade für junge und weniger erfahrene Teammitglieder ist die Rückendeckung der Stationsleitung und ihr Einverständnis zum Priorisieren eine wichtige Entlastung. Dies müssen Führungskräfte oft deutlich aussprechen, damit es wirklich entlastend wirkt. Und eine letzte Anmerkung: Priorisierung darf nicht der Anfang zur Rationierung pflegerischer Leistung sein. Auch hier trägt die Führungskraft die Verantwortung, die Notwendigkeit der ausreichenden personellen Besetzung gegenüber dem Träger zu vertreten und dafür einzutreten.

- *Zwischendienste* (aus Karmann et al., 2020, S. 58. Abdruck erfolgt mit freundlicher Genehmigung der Thieme Verlagsgruppe.). Bei hohem Arbeitsanfall zu bestimmten Tageszeiten können Zwischendienste eine deutliche Entlastung bieten. Diese Dienste sollten im Team besprochen werden und konkrete Aufgaben zugewiesen. Von diesen Aufgaben sind die Mitarbeiter in regulären Schichten dann entlastet. Zwischendienste bieten sich für immer wiederkehrende Arbeitsspitzen an. In chirurgischen Kliniken gibt es in der Regel Tage, in denen mehr operiert wird als an anderen Tagen oder an denen viele kleinerer Eingriffe durchgeführt werden. An diesen Tagen ist der Aufwand, Patienten aufzunehmen, für die OP vorzubereiten und anschließend zu überwachen, höher als an anderen Tagen. Hier kann ein Zwischendienst Teilaufgaben übernehmen. Wichtig ist allerdings, dies so in das Konzept der Bereichspflege einzubinden, dass keine zu starke Zersplitterung der Versorgung eines Patienten entsteht. Denkbar wäre z. B. die Aufnahme und OP-Vorbereitung einem Zwischendienst zu übergeben und ab der Nachsorge die Verantwortung der Bereichspflegekraft zuzuordnen.
  Zwischendienste müssen nicht zwangsläufig der normalen Schichtlänge entsprechen. Ihre Dauer sollte sich nach dem Arbeitsanfall richten. Im besten Fall sind die Dienste von einer minimalen bis zu einer maximalen Stundenzahl begrenzt und können innerhalb dieser Grenzen frei variiert werden. Wichtig ist es hierbei, sich mit der Mitarbeitervertretung oder dem Betriebsrat eng abzustimmen. In den meisten Krankenhäusern sind solche Veränderungen mitbestimmungspflichtig. Möglicherweise ist eine Erprobungsphase von mindestens 3 Monaten sinnvoll, um zu sehen, ob diese Maßnahme wirklich eine spürbare Entlastung bringt.
  Erfahrungsgemäß liegen die Dienstzeiten für solche Zwischendienste günstig für junge Eltern und ermöglichen es, Arbeit und Kinderbetreuung gut zu vereinbaren. So kann dieses Modell auch eine Möglichkeit darstellen, junge Eltern nach der Elternzeit gut ins Team zu integrieren. Ältere Mitarbeiter werden dann von diesen während den „Routinediensten" entlastet und können dadurch gut im Stationsteam weiterarbeiten.
- *Telefondienst* (aus Karmann et al., 2020, S. 60. Abdruck erfolgt mit freundlicher Genehmigung der Thieme Verlagsgruppe.). Gibt es keinen Mitarbeiter, der für administrative Aufgaben, wie z. B. Telefonanrufe, eingesetzt wird, ist dies oft Aufgabe von Pflegenden. Dauernde Telefonanrufe sind belastend für die Arbeitszufriedenheit und den Arbeitsablauf, da sie den Arbeitsfluss ständig unterbrechen. Dies wurde in mehreren Studien nachgewiesen. Anrufe sind kaum in einen Schichtablaufplan zu integrieren. Auf jeden Fall sollte aber die

Zuständigkeit für Telefonanrufe geklärt werden. Nichts ist für gelingende Prozesse schlimmer als eine Station nicht erreichen zu können.
Wer diese Zuständigkeit zugeordnet bekommt, ist von verschiedenen Aspekten abhängig. Dabei können folgende Fragen helfen: (1) Wessen Kompetenz wird am häufigsten am Telefon benötigt? (2) Wessen Tätigkeiten können nicht durch Telefonanrufe unterbrochen werden? (3) Wer muss am häufigsten direkt erreichbar sein? Die Beantwortung dieser Fragen hilft bei der Entscheidung, wer für Telefonanrufe zuständig ist. Dies muss je nach Antworten auf die oben gestellten Fragen nicht immer eine Pflegefachperson sein. In einigen Kliniken wurden hierfür „Büroassistenten" eingestellt. Meist verfügen diese über einen Abschluss als Medizinische Fachangestellte und führen alle administrativen Tätigkeiten der Station aus, inkl. Telefonaten, und entlasten dadurch Pflegende und Ärzte.

- *Team-time-out und Zwei-Wege-Kommunikation* (aus Karmann et al., 2020, S. 66. Abdruck erfolgt mit freundlicher Genehmigung der Thieme Verlagsgruppe.). Das Team-time-out ist eine Möglichkeit, durch ein standardisiertes, reflektiertes gemeinsames Gespräch in einem definierten Rahmen und Ablauf gezielt Informationen zwischen unterschiedlichen Berufsgruppen fließen zu lassen. Es handelt sich hierbei um einen gesteuerten, stark komprimierten und zielorientierten Informationsfluss. Zweimal am Tag, z. B. um 10 Uhr und 15 Uhr stellt sich das komplette Stationsteam für einen kurzen Zeitraum zusammen. In dieser, meist nur fünfzehnminütigen Besprechung, werden kurz alle besonderen Vorkommnisse sowie der geplante Tagesablauf berufsgruppenübergreifend besprochen. Der Vorteil dieser kurzen Informationsphase ist der abgestimmte und reflektierte Informationsfluss zwischen den unterschiedlichen Berufsgruppen, der somit schnittstellenübergreifend ist. Ziel dieser Maßnahme ist vor allem, die durch Schnittstellen bedingten Risiken der Fehlinformation und des Informationsverlusts möglichst gering zu halten und gleichzeitig eine gemeinsame Reflexionsbasis im stationären Informationsfluss zu etablieren. Informationen können und sollen direkt hinterfragt und abgeglichen werden, damit Missverständnisse und Defizite, die besonders in der Patientenversorgung ein deutlich erhöhtes Risiko beinhalten, ausgeräumt werden können. Da an diesen gemeinsamen, standardisierten Gesprächen verschiedene Berufsgruppen teilnehmen, wird so eine verbindliche und verbindende Schnittstellenkommunikation aktiv und intensiv geprobt und gelebt. Eine große Chance liegt einerseits in der Option, dass diese geübte Schnittstellenkommunikation sich im Regelfall im Arbeitsalltag weiter fortpflanzt, und andererseits mit dieser Gestaltung des Informationsflusses eine hohe interdisziplinäre Wertschätzung im Versorgungsteam einer Station implementiert werden kann. Verbunden mit einer gelebten Zwei-Wege-Kommunikation, also dem direkten Nachfragen und Spiegeln der gehörten Informationen zum Zwecke der inhaltlichen Verständnisabsicherung, wird ein hoher Sicherheitsstandard erreicht.

# Sachregister